JN234791

6
すうがくの風景
野海 正俊・日比 孝之……[編]

特異点とルート系

松澤 淳一 ……[著]

朝倉書店

編 集 者

野海正俊 神戸大学大学院自然科学研究科
日比孝之 大阪大学大学院情報科学研究科

はじめに

　特異点という言葉を初めて耳にする人も多いと思う．しかし特異点を見たことのない人はいないであろう．それほど特異点は身近なものである．例えばもし読者が紅茶でも飲みながら本書を開いているなら，ぜひ陽のよく当たる窓辺に行って紅茶カップの底を覗いて見てほしい．カップの底には図 0.1 のような光の曲線が見えるに違いない．

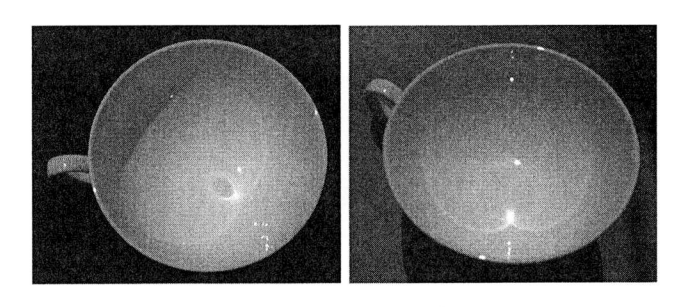

図 0.1　カップの中の焦線

　これらの曲線の交点や頂点が特異点である．どうしてこのような曲線が見えるのだろうか．話を簡単にするためにカップの断面が半円であり，真上から光が入っているとしよう (図 0.2)．

　反射光の傾きを $\tan\theta$ とすると，

$$\theta = 2\left(\frac{\pi}{2} - \alpha\right) - \frac{\pi}{2} = \frac{\pi}{2} - 2\alpha$$

ここで $a = \cos\alpha$, $b = \sin\alpha$ とすれば，

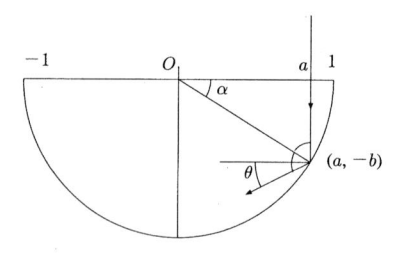

図 0.2　カップの断面と光線

$$\tan\theta = \tan\left(\frac{\pi}{2} - 2\alpha\right) = \frac{1}{\tan 2\alpha}$$
$$= \frac{1 - \tan^2\alpha}{2\tan\alpha} = \frac{1}{2}\left(-\tan\alpha + \frac{1}{\tan\alpha}\right) = \frac{1}{2}\left(\frac{a}{b} - \frac{b}{a}\right)$$

となるので反射光の方程式は

$$y = \frac{1}{2}\left(\frac{a}{b} - \frac{b}{a}\right)(x - a) - b = \frac{(2a^2 - 1)x - a}{2a\sqrt{1 - a^2}} \tag{0.1}$$

となる．パラメータ a を -1 から 1 まで動かすとき，光線が通過する領域の境界線，すなわち直線群(0.1)の包絡線は，方程式(0.1)と右辺の偏微分

$$\frac{\partial y}{\partial a} = \frac{x - a^3}{2a^2(1 - a^2)^{\frac{3}{2}}} = 0 \tag{0.2}$$

とを連立させて解いたものなので，式(0.2)の解 $a = x^{\frac{1}{3}}$ を式(0.1)に代入して包絡線の方程式

$$y = -\left(\frac{1}{2} + x^{\frac{2}{3}}\right)\left(1 - x^{\frac{2}{3}}\right)^{\frac{1}{2}} \tag{0.3}$$

を得る．この曲線の尖ったところ $(x, y) = (0, 0)$ の近くを見てみよう．

$$\left(1 - x^{\frac{2}{3}}\right)^{\frac{1}{2}} = 1 - \frac{1}{2}x^{\frac{2}{3}} - \frac{1}{8}x^{\frac{4}{3}} - \cdots$$

を式(0.3)に代入して整理すると

$$y = -\frac{1}{2} - \frac{3}{4}x^{\frac{2}{3}}\left(1 - \frac{3}{4}x^{\frac{2}{3}} + \cdots\right) \tag{0.4}$$

となる．右辺の括弧内は $x=0$ の近くで 0 ではないので，これを C とおき，

$$X = \left(\frac{3}{4}\right)^{\frac{3}{2}} C^{\frac{3}{2}} x, \quad Y = y + \frac{1}{2}$$

とすると，式(0.4)は

$$X^2 + Y^3 = 0$$

となる．カップの中では，この曲線を Y 軸に関して回転させて得られる曲面 $S : X^2 + Y^3 + Z^2 = 0$ に光が集まってきている．このとき，もしカップの中に衝立を置けば，図 0.3 のような光の曲線が見えることになる．

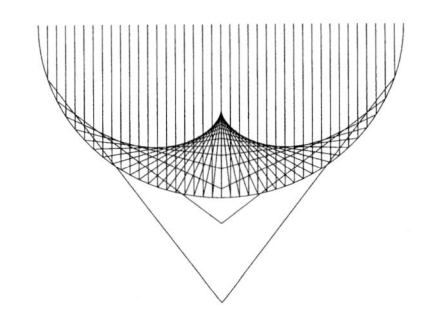

図 **0.3** 直線群の包絡線

カップの角度を変えると，光が斜めから入ってきて，図 0.1 のような光の曲線が側面に映るのである．

この曲面 S の頂点は，A_2 型のクライン特異点とよばれるものである．この特異点は本書のいたるところに現れるであろう (例えば，定理 1.5.11, 例 2.2.5, 例 3.5.6, 4.10 節)．クライン特異点は特異点の出発点ともいうべき基本的な特異点で，2 次元の単純特異点ともよばれる．本書はこのクライン特異点の解説書である．

複素解析曲面の特異点であるクライン特異点は，正多面体の幾何，正多面体群の群論，特異点解消および特異点の変形理論とルート系，リー群・リー環論，さらには (本書では扱わないが) 微分幾何やトポロジーなど，多岐にわたる話題の中に少なからぬ重要性をもって現れ，それらは数学的な発見の連鎖として魅

力的な世界を形作っている．しかもこの世界は1つに閉じたものでなく，次に述べるように，未知の領域への出発点でもある．

クライン特異点は2次元の単純特異点として，アーノルドによる特異点のヒエラルキーの最初のクラスに属している．その次のクラスには，単純楕円型特異点，カスプ特異点および例外型特異点が分類されている．このうち単純楕円型特異点に関しては，単純特異点の理論のアイデアを踏襲する形で研究が進められ，単純楕円型特異点に対応するリー群やリー環が構成される段階にまで至っている．このリー群やリー環は楕円曲線の幾何を含んだ新しいリー群やリー環であって，将来は深い数学的研究対象になると筆者は思っている．この方面の研究を理解する上でもクライン特異点の研究のアイデアやアプローチを知ることが助けになるであろう．

それぞれ個性をもった題材が，自然な方法でつながりあって，尽きせぬ興味が生まれ発展していくところに数学の面白さがあると思う．クライン特異点をめぐる，上記のような多様な話題の広がりは，まさに，このような数学の面白さをわれわれに教えてくれるのである．

この本の内容に関しては，ピーター・スロードウィー氏によるいくつかのすぐれた解説がある（[41]〜[44]）．しかし，それらのいずれもが手に入りにくいものであったり，専門的に書かれていて読みづらいものだったりして，この魅力的な話題が学生になかなか届かないことを筆者はかねがね残念に思っていた．このことが本書を書く動機となった．

本書は，群や環などの代数の基本事項と，多様体についての基礎知識があれば読み進むことができると思う．しかし，正多面体という，きわめて具体的なものが，群，曲面の特異点，リー環などの中にどのように現れるか，ということを描くのがこの本の趣旨なのでどうしても関連する分野が多くなり，説明の都合上，さまざまな用語を使わざるを得なかった．数学辞典などで適宜調べていただきたいが，1つ1つの用語の意味にこだわるよりは，全体の話の流れを追ってほしい．各章にあげた例を中心に読み進んでいけば，大体のストーリーは追えるように工夫したつもりである．少し乱暴な言い方かもしれないが，これらの知識に少々不安をもつ人であっても，本書を読みながら，そうした事項を具体例を通じて勉強するといった読み方もできると思う．

巻末には，参考文献を多めにあげておいた．なかには手に入りにくいものもあるが，大きな大学の数学図書室などで見つけられるであろう．

　本書を書くに当たっては，[33], [41]～[44] を参考にした．そこに書かれている内容を一連のストーリーとして，できるだけ簡潔にまとめようと試みたつもりである．第1章，正多面体群に関しては [18], [26] に詳しい解説がある．第2章，特異点の本格的な入門書としては [24] がある．第3章，ルート系，ワイル群については [4], [23] が良書であろう．第4章，リー環については [23]，巾零軌道，随伴商については [8], [22] に詳しい解説がある．また代数幾何の参考書として [21], [52] をあげておく．群論については [18], [29] を参照していただきたい．

謝　辞

　この本の内容を直接解説して下さり，また論文等によって間接的にも教えていただいたピーター・スロードウィー氏に深く感謝致します．また，執筆中に，数々の貴重な助言をいただいた石井亮氏，原稿に目を通され，多くのミスを指摘していただいた面田康裕，佐竹郁夫，土基善文各氏，冒頭のカップの写真を撮っていただいた長谷川義孝氏に，この場をかりてお礼申し上げます．

　最後に，本書の出版に当たって，大変お世話になった朝倉書店編集部の方々に感謝致します．

　　2002年2月

　　　　　　　　　　　　　　　　　　　　　　　　　　　　松澤淳一

目　次

1. 正多面体 1
   1.1 正多面体の分類 1
   1.2 正多面体群 3
   1.3 $SO(3)$ の有限部分群 7
   1.4 $SL(2,\mathbf{C})$ の有限部分群 12
   1.5 2項正多面体群の不変式 16
      1.5.1 不変式と因子 17
      1.5.2 因子の指標 21
      1.5.3 不　変　式 25

2. クライン特異点 32
   2.1 軌　道　空　間 32
   2.2 特　異　点 37
   2.3 ブローアップ 39
   2.4 交　点　数 45
   2.5 特異点の解消 49
      2.5.1 巡回群の場合 49
      2.5.2 巡回群でない場合 54

3. ル ー ト 系 67
   3.1 ル ー ト 系 67
   3.2 ディンキン図形 75

3.3　ルート系の例 ･･･ 81
　3.3.1　A_{n-1}, D_n 型ルート系 ･･････････････････････････ 81
　3.3.2　E_n 型ルート系 ･････････････････････････････････ 82
3.4　クライン特異点の解消のホモロジー ･････････････････････ 91
3.5　クライン特異点の半普遍変形 ･･･････････････････････････ 93
　3.5.1　半普遍変形 ････････････････････････････････････ 94
　3.5.2　半普遍変形の重み ･････････････････････････････ 102
　3.5.3　ミルナー格子とルート系 ･･･････････････････････ 104

4. 単純リー環とクライン特異点 ････････････････････････････115
4.1　単純リー環 ･･ 115
4.2　$sl(n, \mathbf{C})$ ･･ 120
4.3　半単純元と巾零元 ･･････････････････････････････････ 122
4.4　ルート空間分解とルート系 ･･････････････････････････ 124
4.5　$sl(2, \mathbf{C})$ と A_1 型クライン特異点 ･････････････････････ 126
4.6　巾 零 軌 道 ･･ 128
4.7　巾零多様体とクライン特異点 ････････････････････････ 132
4.8　随 伴 商 ･･ 134
4.9　$sl(2, \mathbf{C})$ の表現と横断片 ････････････････････････････ 140
4.10　$sl(n, \mathbf{C})$ の横断片 ････････････････････････････････ 145
4.11　横断片への $\mathbf{C}^\times$ の作用 ････････････････････････････ 148
4.12　横断片とクライン特異点 ･･･････････････････････････ 156
4.13　横断片とクライン特異点 (続き) ････････････････････ 162
4.14　他のファイバー $\chi_s^{-1}(\bar{h})$ ･････････････････････････ 166
4.15　半普遍変形 S ････････････････････････････････････ 170
4.16　巾零多様体の特異点解消 ･･･････････････････････････ 171
4.17　随伴商の同時特異点解消 ･･･････････････････････････ 179
4.18　半普遍変形の同時特異点解消 ･･･････････････････････ 183

5. マッカイ対応 ……………………………………………… 186
  5.1 有限群の表現 ……………………………………… 186
  5.2 拡大ディンキン図形 ……………………………… 190
  5.3 マッカイ対応 ……………………………………… 191
  5.4 $\widetilde{\Gamma}$ の指標表 ……………………………………… 193

参 考 文 献 …………………………………………………… 197

索　　引 ……………………………………………………… 201

編集者との対話 ……………………………………………… 205

1

正 多 面 体

この本を，クライン特異点というテーマにそった数学の小旅行の案内書であるとするなら，その旅の出発地は古代ギリシアにおける正多面体の発見である．正多面体という図形は，誰もが手にすることのできる単純でわかりやすいものでありながら，現代の数学の中でもときどき思わぬ所から顔を出してきてわれわれを楽しませてくれる．プラトンの本の中では正多面体が理想的な構造物の例として取り上げられているが，その理由は正多面体のもつ対称性であると述べられている．この章では正多面体のもつ幾何学的対称性を，現代的に，すなわち群の言葉で記述する．それがどのように特異点と関係するかは第 2 章で考察する．

1.1　正多面体の分類

　同じ大きさの正多角形を面とし，各頂点のまわりに同じ数の面が集まってできる凸多面体を正多面体とよぶ．正 p 角形を面とし，各頂点に q 枚の面が集まってできる正多面体があったとしよう．

　正 p 角形の 2 辺のなす角は $(1-2/p)\pi$ であり，頂点のまわりに集まる q 個の角の和は 2π より小さいので

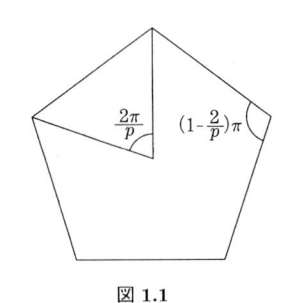

図 1.1

$$q\left(1 - \frac{2}{p}\right)\pi < 2\pi$$

が成り立つ (図 1.1). 整理して,

$$(p-2)(q-2) < 4$$

面は多角形なので $p \geq 3$ である. 多面体であるという条件から $q \geq 3$ が成り立つ. したがって p と q の組合せは次の 5 通りに限られる.

$$(p,q) = (3,3), (3,4), (4,3), (3,5), (5,3)$$

これらの組 (p,q) に対して, 実際に正多面体があることを見てみよう. まず, 正 3 角形を 4 つ合わせて正 4 面体ができる. これは $(p,q) = (3,3)$ の場合になる. 正 6 面体は $(p,q) = (4,3)$. 正 6 面体の各面の重心を頂点とする多面体が正 8 面体で $(p,q) = (3,4)$ を得る.

正 8 面体から正 20 面体が次のようにして構成できる. 1 つの頂点から始めて辺を $a:b$ $(a<b)$ に内分する点を順次とっていく. ただし 1 つの面を左回りに $a:b$ に内分したら, 隣の面では右回りに内分点をとっていくことにする. 内分点は全部で 12 個あり, これらを頂点として 20 面体ができる (図 1.2, 1.3). この 20 面体は a と b をうまくとると正 20 面体になる. そのような a,b を求めてみよう. 20 面体の辺は, もとの正 8 面体の面上にのるものと, 正 8 面体の内部に含まれるものとの 2 種類あり, それぞれの長さは, $\sqrt{a^2+b^2-ab}, \sqrt{2}a$ である. 正 20 面体となるためには, これらは等しくなければならないので

$$\sqrt{2}a = \sqrt{a^2+b^2-ab}$$

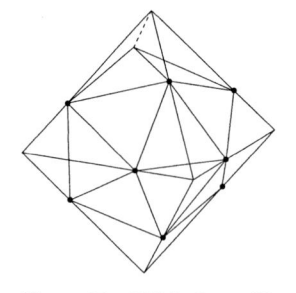

図 1.2 正 8 面体と正 20 面体 　　図 1.3 正 8 面体の辺の内分

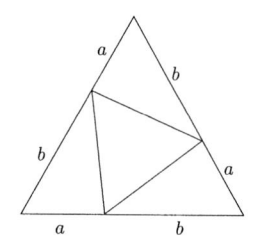

したがって，
$$a^2 + ab - b^2 = 0$$

$a < b$ とすると，黄金比
$$\frac{a}{b} = \frac{\sqrt{5}-1}{2}$$

が得られる．このとき 20 面体の各面は正 3 角形になり，それが各頂点に 5 個ずつ集まっているので正 20 面体が確かにできた．このとき $(p,q) = (3,5)$ となる．

最後に正 20 面体の各面の重心を頂点にとることによって正 12 面体が得られる．これが $(p,q) = (5,3)$ の場合となってすべての組に対して正多面体が構成できたことになる．

正多面体 $\varDelta$ に対して，その各面の重心を頂点とする正多面体 $\varDelta'$ のことを $\varDelta$ の双対とよぶ．すると上の構成で見たように

$$\text{正 4 面体} \longleftrightarrow \text{正 4 面体}$$
$$\text{正 6 面体} \longleftrightarrow \text{正 8 面体}$$
$$\text{正 12 面体} \longleftrightarrow \text{正 20 面体}$$

という双対関係が成り立つことがわかる．

1.2 正多面体群

われわれは図形をどのように認識しているのであろうか．例えば直線上に置かれた 2 つの点を見て，これらが原点に関して点対称の位置にあることを知るには，原点に関して直線を折り返してみて 2 点が重なることを確かめればよいし，まるい形をした物が円であることを確かめるには，それを回してみて外形が変わらないことを確かめればよい．逆にどのような角度の回転でも外形が変わらなければそれは円形であるといったことをわれわれは子供のころから知っている．こうした素朴な図形認識の方法を正多面体に適用してみよう．

4   1. 正 多 面 体

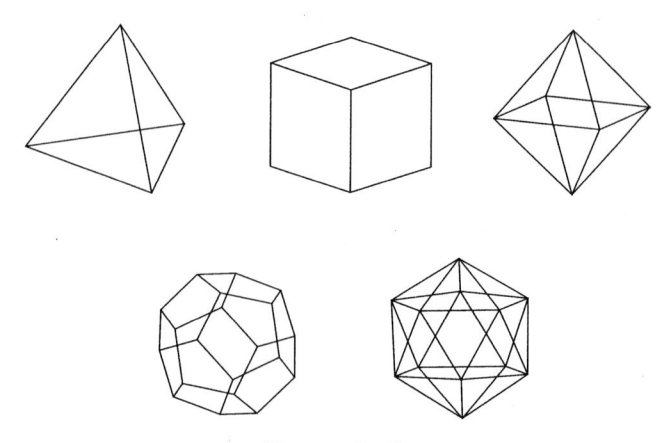

図 1.4 正多面体

 正 p 多面体 Δ の重心を 3 次元ユークリッド空間 $\mathbf{R}^3$ の原点に置き，どのような回転が Δ をそれ自身に移すかということを考える．3 次直交行列であって，その行列式が 1 である行列全体 $SO(3)$ は，その乗法により群となるが，線形代数で習うように，この群は $\mathbf{R}^3$ の回転全体のなす群でもある．$SO(3)$ の元で Δ をそれ自身に移すもの全体のなす集合 Γ_Δ は $SO(3)$ の部分群になる．

$$\Gamma_\Delta = \{g \in SO(3) \mid g(\Delta) = \Delta\}$$

この群を正 p 面体群とよぶ．本書では，これらと次節で述べる正 2 面体群とを総称して正多面体群という．前節の最後で示した双対関係から，

$$\text{正 6 面体群} \simeq \text{正 8 面体群}$$
$$\text{正 12 面体群} \simeq \text{正 20 面体群}$$

という同型が成り立つので，これからは正 p 面体群 $(p = 4, 8, 20)$ を考えることにする．

記号 1.2.1 正 4 面体群を $\mathcal{T}$，正 8 面体群を $\mathcal{O}$，正 20 面体群を $\mathcal{I}$ と書くことにする (それぞれ tetrahedron, octahedron, icosahedron の頭文字をとった).

 ではどのような回転が正多面体を保つであろうか．可能な回転軸を考えると

1.2 正多面体群

次の 3 つの場合しかないことがわかる.
  (1) 頂点と原点とを通る軸を中心とした $2\pi k/q$ 回転 $(k \in \mathbf{N})$.
  (2) 辺の中点と原点とを通る軸を中心とした π 回転.
  (3) 面の重心と原点とを通る軸を中心とした $2\pi k/p$ 回転 $(k \in \mathbf{N})$.
実際にこれらの回転軸を各正多面体群ごとに求めてみよう.

正 4 面体群 $\mathcal{T}$

  (1) のタイプ：4 つの軸を中心とした $2\pi/3, 4\pi/3$ 回転．計 8 個．
  (2) のタイプ：3 つの軸を中心とした π 回転．計 3 個．
  (3) のタイプ：1 のタイプと同じ．

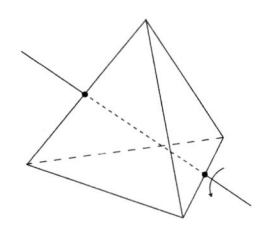

図 1.5 辺の中点を通る軸を中心とした回転

正 4 面体群 $\mathcal{T}$ はこれらと恒等変換を合わせて 12 個の元からなり，これらの回転は 4 つの頂点の偶置換をひき起こすので，正 4 面体群は 4 次交代群と同型になることがわかる．

正 8 面体群 $\mathcal{O}$

  (1) のタイプ：3 つの軸を中心とした $2\pi k/4$ 回転 $(k = 1, 2, 3)$．計 9 個．
  (2) のタイプ：6 つの軸を中心とした π 回転．計 6 個．
  (3) のタイプ：4 つの軸を中心とした $2\pi/3, 4\pi/3$ 回転．計 8 個．

正 8 面体群はこれらと恒等変換をあわせて 24 個の元からなる．正 8 面体の対面する 2 つの面の組は 4 組あり，正 8 面体群の元はこれらの組の置換をひき起こす．これにより正 8 面体群は 4 次対称群と同型になることがわかる．

正 20 面体群 $\mathcal{I}$

  (1) のタイプ：6 つの軸を中心とした $2\pi k/5$ 回転 $(k = 1, 2, 3, 4)$．計 24 個．
  (2) のタイプ：15 個の軸を中心とした π 回転．計 15 個．

(3) のタイプ：10 個の軸を中心とした $2\pi/3, 4\pi/3$ 回転．計 20 個．

正 20 面体群はこれらと恒等変換をあわせて 60 個の元からなる．この群は 5 次交代群に同型であることが次のようにしてわかる．まず正 20 面体の 30 個の辺を考える．2 つの辺が直交するか平行なときその 2 辺は同じ組に属し，そうでないときは同じ組に属さないという規則によって，30 個の辺を 6 個ずつ 5 つの組に分ける．正 20 面体群の元がこの 5 つの組に偶置換として作用することを見てみよう．

頂点に集まる 5 個の辺は互いに異なる組に属し，隣り合う 2 つの面にある 5 個の辺も互いに異なる組に属す．

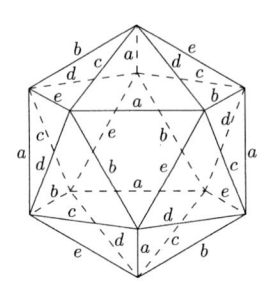

図 1.6 辺の分類

5 つの組を仮に a, b, c, d, e と書くことにする．1 つの頂点を通る軸を中心とした回転で 5 つの組は巡回置換をひき起こされる．これは位数 5 の巡回置換である．また，辺の中点を通る軸を中心とした π 回転で置換 $(ab)(cd)$ などがひき起こされる．さらに面の重心を通る軸を中心とした回転は位数 3 の巡回置換になる．これらはすべて偶置換である．一方，正 20 面体群の位数は 5 次交代群の位数 60 と等しいので，正 20 面体群と 5 次交代群とは同型であることがわかった．

こうして正多面体の図形的な対称性が正多面体群という群の言葉に置き換わったので，次節では群論の立場から正多面体群を詳しく調べよう．

1.3　$SO(3)$ の有限部分群

正多面体群は 3 次回転群 $SO(3)$ の有限部分群だが，$SO(3)$ にはこのほかに 2 種類の有限部分群がある．1 つは巡回群で，もう 1 つは正 2 面体群といわれる群である．原点を通る 1 つの軸を中心とした $2\pi/n$ 回転から生成される群が巡回群となる．正 2 面体群は原点を重心とした $\mathbf{R}^3$ の正 n 角形をそれ自身に移す回転全体のなす群であって，正 n 角形の重心を通る垂直軸を中心とした回転と正 n 角形の対称軸を中心とした π 回転から生成される位数 $2n$ の群である (図 1.7)．

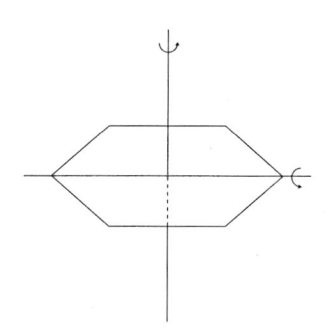

図 1.7　正 2 面体群の回転軸

記号 1.3.1　位数 n の巡回群を $\mathcal{C}_n$，位数 $2n$ の正 2 面体群を $\mathcal{D}_n$ と書くことにする (それぞれ cyclic group, dihedral group の頭文字をとった)．

正 2 面体群などという妙な名前は，2 枚の正多角形を貼りあわせたものをつぶれた多面体と見ることから来ている．この群と前節で得られた群とをあわせて正多面体群とよぶ．巡回群と正多面体群は $SO(3)$ の有限部分群を尽くすことが知られている．

定理 1.3.2　$SO(3)$ の有限部分群は，巡回群か正多面体群のいずれかに同型である．さらに同型な 2 つの有限部分群は互いに共役である．

この定理の証明は少々長くなるので省略する (例えば [26], [33] など参照のこと). これらの群は抽象群としてどのように記述されるであろうか.

巡回群 $\mathcal{C}_n$ この群は $2\pi/n$ の回転 a で生成され, 生成元 a は

$$a^n = 1$$

を満たす.

他の群については，以下のように 2 つの生成元 a,b を選ぶことができ，それらの間の基本関係が簡単に記述される．

正 2 面体群 $\mathcal{D}_n$ 正 n 角形の 1 つの対称軸を中心とした π 回転を a とし，b を正 n 角形の重心を通る垂直軸を中心とした $2\pi/n$ 回転とする．正 n 角形の各対称軸に関する π 回転は ab^i の形に書け，生成元 a,b は

$$a^2 = b^n = (ab)^2 = 1$$

という関係を満たすことを確かめてほしい (図 1.8).

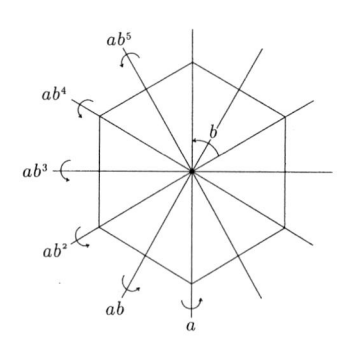

図 **1.8** 生成元による表示

正 p 面体群 Γ $(p=4,8,20)$ 1 つの面の重心を通る軸を中心とした $2\pi/3$ 回転を a とし，b をその面の頂点を通る軸を中心とした $2\pi/r$ 回転 $(r=3,4,5)$ とすると，Γ は 2 つの元 a,b で生成され，a と b の間には表 1.1 のような基本関係がある (図 1.9, 1.10, 1.11).

1.3 $SO(3)$ の有限部分群

表 1.1 γ の生成元と基本関係

Γ	生成元	基本関係
$\mathcal{C}_n$	a	$a^n = 1$
$\mathcal{D}_n$	a, b	$a^2 = b^n = (ab)^2 = 1$
$\mathcal{T}$	a, b	$a^3 = b^3 = (ab)^2 = 1$
$\mathcal{O}$	a, b	$a^3 = b^4 = (ab)^2 = 1$
$\mathcal{I}$	a, b	$a^3 = b^5 = (ab)^2 = 1$

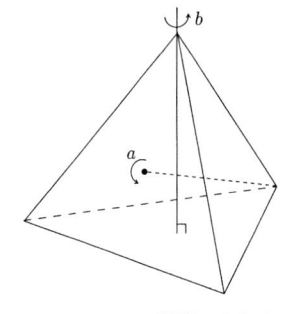

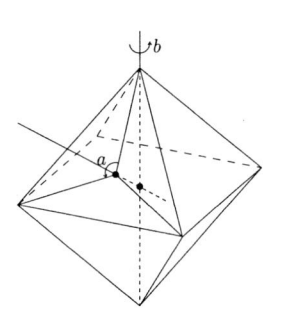

図 1.9 正 4 面体群の生成元   図 1.10 正 8 面体群の生成元

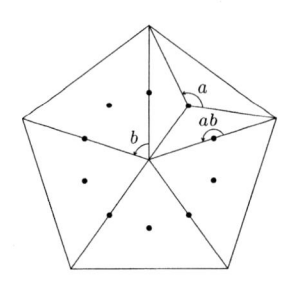

図 1.11 正 20 面体群の生成元

証明のあらすじを示そう．(1) まず a と b が表の関係を満たすことを確かめよう．ab は図 1.11 からわかるように，辺の中点を通る軸を中心とした π 回転となるので

$$(ab)^2 = 1$$

となる．他の基本関係は，a, b の取り方より明らかに満たされている．

(2) 次に群が a, b で生成されることを示そう．正 20 面体群の場合を考える (他の場合も同様に示される)．図 1.12 のように，辺の中点 E を通る軸を中心とした π 回転は ab であった．

他の辺の中点 E' は，E に a^r と b^s を作用させて得られる．

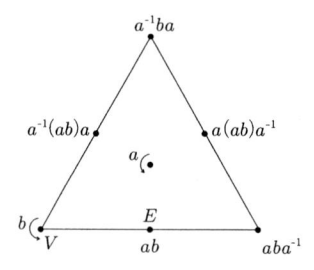

図 1.12　頂点および辺の中点を通る軸に関する回転

$$E' = b^s a^r (E)$$

したがって E' を通る軸を中心とした π 回転は

$$(b^s a^r)(ab)(b^s a^r)^{-1}$$

となる．次に他の頂点 V' は，V に a^r と b^s を施すことによって得られるので，V' を通る軸を中心とした回転も a と b で書ける (図 1.12)．面の重心を通る軸を中心としたに回転についてもまったく同様．

これを繰り返して，正 20 面体のすべての面について，各軸のまわりの回転が a と b で書けることがわかる (図 1.13)．

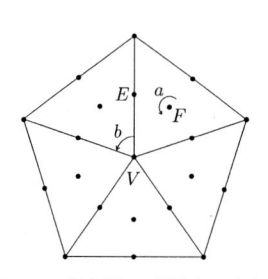

図 1.13　軸と正 20 面体との交点 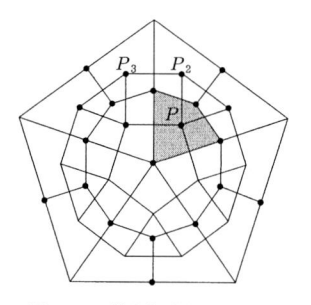　　図 1.14　基本領域と双対部屋

(3) 最後に，表にあげた関係で十分かどうかを調べなければならない．これも正 20 面体群の場合を考える (他の場合も同様)．Γ の元の積が 1 のとき，すなわち

$$g_1 g_2 \cdots g_n = 1, \quad g_i \in \{a, b, a^{-1}, b^{-1}\}$$

が成り立っているとき，表の関係式だけを使って左辺を 1 にできることを示す．図 1.14 の斜線部が Γ の基本領域 D である．つまり，正 20 面体上のどの点も Γ の元によって

1.3 $SO(3)$ の有限部分群

D の点に移され，D の内部の異なる 2 点は決して Γ の元で移り合わない.

基本領域 D を，Γ の元で動かしたもの $\gamma(D)$ $(\gamma \in \Gamma)$ を部屋とよぶことにすれば，正 20 面体はこれらの部屋に分割される.

各部屋の重心を結ぶと，3 角形，4 角形，5 角形による，正 20 面体の新たな部屋割ができる (図 1.14). これらを双対部屋ということにする. a と b の回転軸が通る頂点をもつ基本領域 D の重心を P とすると，Γ の元の列 $g_1, g_2, \cdots, g_n$ は P の足跡として表される. つまり P が

$$P_1 = P, P_2 = g_1(P_1), P_3 = g_1 g_2(P_1), \cdots, P_{n+1} = g_1 \cdots g_n(P_1)$$

と移動していったと考えるのである. このとき P_i と P_{i+1} は隣どうしの部屋にある. なぜなら P_1 と $g_i(P_1)$ は隣り合った部屋の重心であって，$P_i = (g_1 \cdots g_{i-1})(P_1), P_{i+1} = (g_1 \cdots g_{i-1})(g_i(P_1))$ だからである.

点 $P_1, \cdots, P_n$ を順次つないだ線を P の通った道ということにする. 点 P_i は双対部屋の頂点であり，点 P の通り道は，双対部屋の辺をつなぎ合わせたものである. $g = g_1 g_2 \cdots g_n = 1$ なので，$P_{n+1} = P_1$ である. 組合せ位相幾何によると次の 2 つの条件は同値であることが知られている ([38] 5.3 節).

(I) 2 つの道がホモトピー同値,
(II) 2 つの道は，次の 2 つの操作で移り合う.
　(i) $\cdots\cdots P_i P_{i+1} P_i \cdots\cdots \longleftrightarrow \cdots\cdots P_i \cdots\cdots$ (図 1.15 (i))
　(ii) $\cdots P_i P_{i+1} \cdots P_{i+r} P_i \cdots \longleftrightarrow \cdots\cdots P_i \cdots$ (図 1.15 (ii))
　　($P_i, \cdots, P_{i+r}$ は，1 つの双対部屋のすべての頂点.)

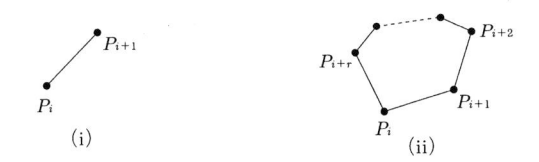

図 1.15　2 つの操作で消える道

(i) は道を戻る場合であり，(ii) は双対部屋をぐるっと回る場合である. 多面体は単連結なので，P_1 から始まり P_1 に戻る道は，すべて 1 点にホモトープである. そこで上の結果を使うと $P_1, \cdots, P_{n+1}$ は (i), (ii) の操作で P_1 に変換される. (i) の操作は $g_i = g_{i+1}^{-1}$ を意味し，(ii) の操作は図 1.15 のループを回ることに相当するが，これはまさに基本関係そのものである.　　　　　　　　　　　　　　　　　　　　　略証終

1.4 $SL(2, \mathbf{C})$ の有限部分群

$\mathbf{R}^3$ の原点に重心をもつ正多面体の頂点は球面 S^2 上にある．回転群 $SO(3)$ の元は球面 S^2 に作用しているので，その部分群である正多面体群 Γ も S^2 に作用する．Γ の作用による正多面体の頂点の軌道は有限個の点からなるが，次節でこの軌道を代数方程式で表す．そのために球面 S^2 を，ガウス平面 (複素数平面)$\mathbf{C}$ に 1 点 ∞ を付け加えてコンパクト化したリーマン球面とみなすことにする．

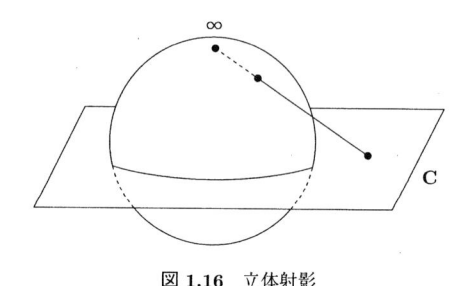

図 1.16 立体射影

この対応は S^2 の北極を無限遠点 ∞ とみなし，この点から立体射影することによって得られる (図 1.16)．リーマン球面を複素射影直線 $\mathbf{P}^1$ とみると，この立体射影を通じて，$SO(3)$ の S^2 への作用は $\mathbf{P}^1$ の自己同型をひき起こす．したがって $SO(3)$ は，$\mathbf{P}^1$ の自己同型群である複素射影変換群

$$PGL(2, \mathbf{C}) = PSL(2, \mathbf{C})$$
$$= SL(2, \mathbf{C})/\langle \pm I_2 \rangle$$
$$SL(2, \mathbf{C}) = \{X : 複素 2 次行列 \mid \det X = 1\}$$

の部分群とみなせる．射影

$$\pi : SL(2, \mathbf{C}) \longrightarrow PSL(2, \mathbf{C})$$

による $SO(3)$ の逆像

$$\pi^{-1}(SO(3)) \subset SL(2, \mathbf{C})$$

は特殊ユニタリ群

$$SU(2) = \left\{ X \in SL(2, \mathbf{C}) \mid X\,{}^t\bar{X} = I_2 \right\}$$

となるが，実は次の定理が成り立つ ([33] など参照のこと).

定理 1.4.1 $SL(2, \mathbf{C})$ の有限部分群は $SU(2)$ の部分群と共役.

この定理により $SU(2)$ の有限部分群を決めれば，$SL(2, \mathbf{C})$ の有限部分群がわかることになる.

定義 1.4.2 $SO(3)$ の有限部分群 Γ の逆像 $\pi^{-1}(\Gamma)(\subset SU(2))$ と共役な，$SL(2, \mathbf{C})$ の部分群を，Γ に対応した 2 項部分群という．これを $\widetilde{\Gamma}$ と書く．Γ が正 p 面体群のときは，$\widetilde{\Gamma}$ を 2 項正 p 面体群とよび，これらを総称して 2 項正多面体群 (binary polyhedral group) とよぶ.

写像 π の核は $SL(2, \mathbf{C})$ の中心 $\{\pm 1\}$ なので

$$|\widetilde{\Gamma}| = 2|\Gamma|$$

が成り立つ ($|\Gamma|$ は Γ の位数).

補題 1.4.3 $SL(2, \mathbf{C})$ の有限部分群 Γ が 2 項部分群でないための必要十分条件は Γ が奇数位数の巡回群であることである.

証明 $\Gamma \subset SU(2)$ としてよい．Γ は 2 項部分群ではないので，$-1 \notin \Gamma$. よって

$$\pi(\Gamma) \simeq \Gamma$$

ところで，$SL(2, \mathbf{C})$ の位数 2 の元は -1 に限るので，$\pi(\Gamma)$ も Γ も位数 2 の元

を含まない．$SO(3)$ の有限部分群でそのような群は奇数位数の巡回群だけである．   証明終

このことから，$SO(3)$ の有限部分群の分類を使って次の定理を得る．

定理 1.4.4 $SL(2,C)$ の有限部分群は次の 5 種類のいずれかの群に同型であって，同型な 2 つの有限部分群は互いに共役である．
  (1) 巡回群 $\mathcal{C}_n$ (位数 n)
  (2) 2 項正 2 面体群 $\widetilde{\mathcal{D}}_n$ (位数 $4n$)
  (3) 2 項正 4 面体群 $\widetilde{\mathcal{T}}$
  (4) 2 項正 8 面体群 $\widetilde{\mathcal{O}}$
  (5) 2 項正 20 面体群 $\widetilde{\mathcal{I}}$

例 1.4.5 (1) n 次巡回群．

$$\mathcal{C}_n = \left\{ \begin{bmatrix} \omega^k & 0 \\ 0 & \omega^{-k} \end{bmatrix} \mid 0 \leq k \leq n-1 \right\}, \quad \omega = \exp\left(\frac{2\pi\sqrt{-1}}{n}\right)$$

(2) 2 項正 2 面体群．

$$\widetilde{\mathcal{D}}_n = \left\langle \begin{bmatrix} \omega & 0 \\ 0 & \omega^{-1} \end{bmatrix}, \begin{bmatrix} 0 & 1 \\ -1 & 0 \end{bmatrix} \right\rangle, \quad \omega = \exp\left(\frac{\pi\sqrt{-1}}{n}\right)$$

Γ の生成元と，その関係式を使って，これらの群の生成元と，その基本関係が得られる．

表 1.2 生成元と基本関係

群	生成元	基本関係
$\mathcal{C}_n$	a	$a^n = 1$
$\widetilde{\mathcal{D}}_n$	a,b	$a^2 = b^n = (ab)^2$
$\widetilde{\mathcal{T}}$	a,b	$a^3 = b^3 = (ab)^2$
$\widetilde{\mathcal{O}}$	a,b	$a^3 = b^4 = (ab)^2$
$\widetilde{\mathcal{I}}$	a,b	$a^3 = b^5 = (ab)^2$

1.4 $SL(2,\mathbf{C})$ の有限部分群   15

注意 1.4.6 表 1.2 の基本関係は，表 1.1 の基本関係から最後の $=1$ を落としたものになっている．

証明の概略を述べよう．巡回群については明らかであろう．他の群について考えよう．
$$\pi : \widetilde{\Gamma} \longrightarrow \Gamma \subset SO(3)$$
とし，$\bar{a}, \bar{b}$ を 1.3 節でとった Γ の生成元とする．$\pi(a) = \bar{a}, \pi(b) = \bar{b}$ となる $\widetilde{\Gamma}$ の元 a, b であって，a, b の位数は $\bar{a}, \bar{b}$ の位数の 2 倍となるものを考える．

(i) まず a, b が表の基本関係を満たすことを示す．$\bar{a}, \bar{b}$ の位数をそれぞれ r, s とすると，
$$a^r = b^s = -1$$
である．$(ab)^2 = -1$ を示そう．$(\bar{a}\bar{b})^2 = 1$ より，$(ab)^2 = \pm 1$．もし $(ab)^2 = 1$ なら $ab = \pm 1$．よって $\bar{a}\bar{b} = 1$ となり矛盾．

(ii) 次に a, b が $\widetilde{\Gamma}$ を生成することを示す．a, b の生成する群を $\langle a, b \rangle$ と書く．
$$\pi(\langle a, b \rangle) = \Gamma$$
である．一方 (i) で見たように $(ab)^2 = -1 \in \langle a, b \rangle$ なので
$$\widetilde{\Gamma} = \langle a, b \rangle$$

(iii) 最後に表の関係が十分であることをみよう．改めて，表 1.2 にあるように，生成元 a, b と基本関係で定まる群を $\widetilde{\Gamma}'$ とする．すると $\widetilde{\Gamma}'$ から $\widetilde{\Gamma}$ への群準同型
$$\varphi : \widetilde{\Gamma}' \longrightarrow \widetilde{\Gamma}$$
が決まる．これが同型写像であることを示そう．$c = (ab)^2$ は $\widetilde{\Gamma}'$ の中心に含まれる．このとき $c^2 = 1$ であることが次のようにして示される．

$a^2 = c$ のとき，つまり $\widetilde{\mathcal{D}}_n$ のときは，$b = a^{-1}b^{-1}a$ なので
$$c = b^n = a^{-1}b^{-n}a = a^{-1}c^{-1}a = c^{-1}$$
他の群のときは，$a^3 = (ab)^2$ なので $b = a(ab^{-1})a^{-1}$．よって
$$c = b^s = a(ab^{-1})^s a^{-1}, \quad s = 3, 4, 5$$
したがって，

$$c = a^{-1}ca = (ab^{-1})^s \tag{1.1}$$

一方, $a = b^{-1}a^{-1}b^{s-1}$ なので,

$$c = (b^{-1}a^{-1}b^{s-1}b^{-1})^s = b^{-1}(a^{-1}b^{s-3})^s b$$

したがって,

$$c = (a^{-1}b^{s-3})^s \tag{1.2}$$

a で共役をとって

$$c = (b^{s-3}a^{-1})^s \tag{1.3}$$

$s = 3$ のとき, 式(1.2)より $c = a^{-3} = c^{-1}$. $s = 4$ のとき, 式(1.3)より, $c = (ba^{-1})^4 = (ab^{-1})^{-4} = c^{-1}$ (∵ 式(1.1)). $s = 5$ のとき, 式(1.2)より $c = (a^{-1}b^2)^5$. $b = a^2b^{-1}a^{-1}$ を代入して

$$\begin{aligned}
c &= (ab^{-1}ab^{-1}a^{-1})^5 \\
&= ab(b^{-2}a)^5 b^{-1}a^{-1} \\
&= abc^{-1}b^{-1}a^{-1} \quad (\because 式(1.2)) \\
&= c^{-1}
\end{aligned}$$

よっていずれの場合にも $c^2 = 1$ がいえた.

さて, $\varphi : \widetilde{\Gamma}' \to \widetilde{\Gamma}$ に戻ろう. $\Gamma = \pi(\widetilde{\Gamma})$ の基本関係と $\widetilde{\Gamma}'$ の基本関係とから, $\pi \circ \varphi$ の核は c で生成され, したがって φ の核は c^k で生成される. $k = 0$ が以下のように示される. (i)で見たように $\varphi(c) = -1$ であり, 上で示したように $c^2 = 1$ なので $k = 0$. すなわち φ が同型であることがわかった.

略証終

1.5　2項正多面体群の不変式

次章への準備として, 2項正多面体群のリーマン球面への作用と, 正多面体の幾何的な性質を使って $\widetilde{\Gamma}$ の不変式を求める.

1.5.1 不変式と因子

$\widetilde{\Gamma}$ を $SL(2,\mathbf{C})$ の有限部分群とする．$\widetilde{\Gamma}$ の元 γ は 2 次行列として $\mathbf{C}^2$ に作用するので，$\widetilde{\Gamma}$ は複素係数の 2 変数多項式環 $R = \mathbf{C}[z_1, z_2]$ に次のように作用する．

$$(\gamma \cdot f)(z) = f(\gamma^{-1}(z)), \quad \gamma \in \widetilde{\Gamma}, \quad z \in \mathbf{C}^2, \quad f \in R$$

定義 1.5.1 多項式 $f \in R$ が $\widetilde{\Gamma}$ 不変式であるとは，$\widetilde{\Gamma}$ の任意の元 γ に対して，

$$\gamma \cdot f = f$$

が成り立つことをいう．また f が $\widetilde{\Gamma}$ 半不変式であるとは，$\widetilde{\Gamma}$ から $\mathbf{C}^\times = \mathbf{C} - \{0\}$ への準同型

$$\chi : \widetilde{\Gamma} \longrightarrow \mathbf{C}^\times$$

があって，任意の γ に対して

$$\gamma \cdot f = \chi(\gamma) f$$

が成り立つことをいう．このとき χ のことを f の指標という．

記号 1.5.2 $\widetilde{\Gamma}$ 不変式全体は R の部分環をなす．これを $R^{\widetilde{\Gamma}}$ と書き，不変式環とよぶ．

n 次多項式 f を同次多項式の和として書く．

$$f = \sum_{i=0}^{n} f_i, \quad f_i \text{ は } i \text{ 次同次多項式}$$

f が不変式であることと，各 f_i が不変式であることとは同値なので，以下同次式への作用を考える．

f を n 次同次式とすると，f は次のように因数分解する．

$$\begin{aligned} f(z_1, z_2) &= (\beta_1 z_1 - \alpha_1 z_2)^{d_1} \cdots (\beta_k z_1 - \alpha_k z_2)^{d_k} \\ d_i &\in \mathbf{N}, \quad d_i \neq 0 \end{aligned} \tag{1.4}$$

(z_1, z_2) を同次座標とする射影直線 $\mathbf{P}^1$ 上の式としてこれを見ると，点 $(\alpha_i : \beta_i)(\in \mathbf{P}^1)$ は f の d_i 位の零点である．逆に $\mathbf{P}^1$ 上の相異なる k 個の点と，その点での位数を与えると，各点で与えられた位数の零点をもつ同次多項式が定数倍を除いて決まる．$\mathbf{P}^1$ 上の点と同次多項式のこのような関係は，点を $\mathbf{P}^1$ の因子としてとらえるとわかりやすくなる．

定義 1.5.3 $\mathbf{P}^1$ 上の点を素因子といい，素因子の生成する自由アーベル群を $\mathbf{P}^1$ の因子群という．これを $\mathrm{Div}(\mathbf{P}^1)$ と書く．$\mathrm{Div}(\mathbf{P}^1)$ の元 D は，$\mathbf{P}^1$ の点 $P_1, \cdots, P_r$ の形式的な和

$$D = m_1 P_1 + \cdots + m_r P_r \quad (m_i \in \mathbf{Z})$$

である．$\mathrm{Div}(\mathbf{P}^1)$ の元を $\mathbf{P}^1$ の因子とよぶ．すべての係数 m_i が非負のとき D を正因子という．

式(1.4)より同次多項式 $f(\neq 0)$ は正因子

$$\mathrm{div}(f) = d_1 P_1 + \cdots + d_k P_k, \quad P_i = (\alpha_i : \beta_i) \in \mathbf{P}^1$$

を定める．また逆に正因子 D に対して，

$$\mathrm{div}(f) = D$$

となる同次多項式 f が定数倍を除いて決まる．また

$$\mathrm{div}(f) + \mathrm{div}(g) = \mathrm{div}(fg)$$

が成り立つことは容易にわかる．つまり同次式の積が，因子の和として表される．同次式と正因子との，定数倍を除いたこのような 1 対 1 対応があるので，以下，同次式への Γ の作用を考えるだけでなく，因子への作用も考えながら不変式を求めていく．

$SO(3)$ の有限部分群 Γ は $\mathbf{P}^1$ に 1 次分数変換として作用していたので，$\mathrm{Div}(\mathbf{P}^1)$ にも作用する．その作用は，$D = \sum m_i P_i$ としたとき

$$\gamma \cdot D = \sum m_i \gamma(P_i)$$

である.

定義 1.5.4 Γ の任意の元 γ の作用で不変な因子を Γ 不変因子という. また $\mathcal{O} \subset \mathbf{P}^1$ を Γ の軌道とすると, 因子

$$D = \sum_{P \in \mathcal{O}} P$$

は Γ 不変因子になる. こうして得られた因子を単純軌道因子とよび, $\mathrm{div}\mathcal{O}$ と書くことにする.

すると次の命題は明らかであろう.

命題 1.5.5 正の不変因子 D は単純軌道因子の和となる.

$$D = r_1 \mathrm{div}\mathcal{O}_1 + \cdots + r_k \mathrm{div}\mathcal{O}_k$$

ここで $\mathcal{O}_i$ は相異なる軌道. r_i は正の整数.

次に $\widetilde{\Gamma}$ の作用を考えよう.

$$\mathrm{div}(\gamma \cdot f) = \pi(\gamma) \cdot \mathrm{div}(f), \quad \gamma \in \widetilde{\Gamma}$$

なので f が $\widetilde{\Gamma}$ 不変なら因子 $\mathrm{div}(f)$ は Γ 不変である. しかし逆に $\mathrm{div}(f)$ が Γ 不変であっても f は $\widetilde{\Gamma}$ 不変になるとは限らない. $\gamma \cdot f$ には定数倍の不定性がでてくるのである. この係数を $\chi(\gamma)$ とおく.

$$\gamma \cdot f = \chi(\gamma) f, \quad \chi(\gamma) \in \mathbf{C}^\times$$

写像

$$\chi : \widetilde{\Gamma} \to \mathbf{C}^\times$$

は群の準同型写像なので，χ は f の指標，f は $\widetilde{\Gamma}$ 半不変式である．

$\widetilde{\Gamma}$ は有限群なので $\chi(\gamma)$ は 1 の $|\widetilde{\Gamma}|$ 乗根となる．このように，f が $\widetilde{\Gamma}$ 半不変式であることと，$\text{div}(f)$ が Γ 不変であることとは同値である．Γ 不変な正因子 D に対して決まる指標を χ_D と書くと，正の不変因子 D_1, D_2 に対して

$$\chi_{D_1+D_2} = \chi_{D_1}\chi_{D_2} \tag{1.5}$$

が成り立つので命題 1.5.5 により，単純軌道因子に対する指標さえわかれば，任意の正の不変因子の指標が求まる．

さて，$\mathbf{P}^1$ の点 P に対して不変因子

$$D = \sum_{\gamma \in \Gamma} \gamma(P)$$

を考える．これを Γ 軌道因子とよぶことにする．P の固定部分群 Γ_P が単位元のみからなれば D は単純軌道因子となる．

命題 1.5.6 Γ 軌道因子の指標 χ は Γ 軌道因子によらず，すべて等しい．$\mathcal{O}$ を Γ の軌道とすると，

$$\chi = (\chi_{\text{div}(\mathcal{O})})^n, \quad n = \frac{|\Gamma|}{|\mathcal{O}|}$$

証明 $\mathbf{P}^1$ の点 P に対して，P を含む軌道を $\mathcal{O}$ とし，

$$D = \sum_{\gamma \in \Gamma} \gamma(P)$$

とすると，

$$D = n \, \text{div}\mathcal{O}, \quad n = \frac{|\Gamma|}{|\mathcal{O}|}$$

である．Γ 軌道因子 D の指標を $\chi_D(\gamma)$ とすると，$\chi_D(\gamma)$ は P の連続関数．$\mathbf{P}^1$ は連結で $\chi_D(\gamma)$ は 1 の $|\widetilde{\Gamma}|$ 乗根なので，値 $\chi_D(\gamma)$ は D に依存しない．後半は命題 1.5.5 と式(1.5)から従う． 証明終

1.5.2 因子の指標

この節の目的は $\widetilde{\Gamma}$ の不変式を求めることであった．そのためには自明な指標をもつ不変因子を求めればよい．さらに不変因子の指標は，命題 1.5.5 および命題 1.5.6 から，単純軌道因子の指標がわかれば決まるのであるが，特に $|\mathcal{O}| < |\Gamma|$ となる軌道 $\mathcal{O}$ の単純軌道因子 $\mathrm{div}(\mathcal{O})$ の指標を求めればよいことがわかる．$|\mathcal{O}| < |\Gamma|$ という条件は点 P を固定する元が単位元以外にあるということである．以下このような単純軌道因子の指標を求めよう．

巡回群の場合 $\widetilde{\Gamma} = \langle a \rangle$ を n 次巡回群とする．a は球面の回転なので，

$$a = \begin{bmatrix} \zeta & 0 \\ 0 & \zeta^{-1} \end{bmatrix}, \quad \zeta = \exp\left(\frac{2\pi\sqrt{-1}}{n}\right)$$

とできる．

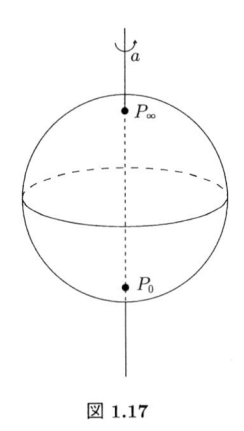

図 1.17

点 $P_0 = (0:1), P_\infty = (1:0)$ は固定点である．$f_i(z_1, z_2) = z_i$ とすると，

$$\mathrm{div}(f_1) = P_0, \quad \mathrm{div}(f_2) = P_\infty$$

なので

$$\chi_{P_0}(a) = \zeta^{-1}, \quad \chi_{P_\infty}(a) = \zeta$$

が得られる．n が奇数のときは，$|\widetilde{\Gamma}| = |\pi(\widetilde{\Gamma})|$ なので nP_0 は Γ 軌道因子となり

$$\chi_{nP_0}(a) = (\chi_{P_0}(a))^n = 1$$

n が偶数のときは

$$|\pi(\widetilde{\Gamma})| = \frac{n}{2}$$

なので Γ 軌道因子は $(n/2)P_0$. したがって

$$\chi_{\frac{n}{2}P_0}(a) = (\chi_{P_0}(a))^{\frac{n}{2}} = \zeta^{-\frac{n}{2}} = -1$$

となる.

2項正多面体群の場合 Γ の元は多面体の頂点, 辺の中点, 面の重心を通る軸を中心とした回転だったから, これらの点と原点を結ぶ直線と, 球面との交点のみが, 自明でない固定部分群をもつ. これら球面上の点の Γ 軌道をそれぞれ $\mathcal{O}_v, \mathcal{O}_e, \mathcal{O}_f$ とし, 単純軌道因子を

$$D_v = \mathrm{div}\mathcal{O}_v, \quad D_e = \mathrm{div}\mathcal{O}_e, \quad D_f = \mathrm{div}\mathcal{O}_f$$

とする.

2項正2面体群 $\widetilde{\mathcal{D}}_n$ まず n が奇数のときを考える. 生成元 a, b の関係式から $b = ab^{-1}a^{-1}$. したがって $b^2 = bab^{-1}a^{-1}$. いま $n = 2k+1$ とすると, 再び a, b の関係式から $a^2 = (bab^{-1}a^{-1})^k b$ なので

$$\chi(a)^2 = \chi(b)$$

を得る. よって $\chi(a)$ を計算すればよい.

$\pi(a)(\in \Gamma)$ は正 n 角形の頂点と辺の中点を通る直線を中心とした π 回転なので, a で生成される群 $\langle a \rangle$ は分類の結果より 4 次巡回群になり, 巡回群のときの結果が使える. 辺の中点の集合は, $\langle \pi(a) \rangle$ の作用で 1 つの固定点 M_0 と $(n-1)/2$ 個の $\pi(\langle a \rangle)$ 軌道因子 M_i $(1 \leq i \leq (n-1)/2)$ に分かれる (図 1.19).

巡回群のときの結果から

$$\chi_{D_e}(a) = \chi_{M_0}(a) \prod_{i=1}^{\frac{n-1}{2}} \chi_{M_i}(a)$$
$$= \pm\sqrt{-1}(-1)^{\frac{n-1}{2}}$$
$$= \pm\sqrt{-1}$$

1.5 2項正多面体群の不変式

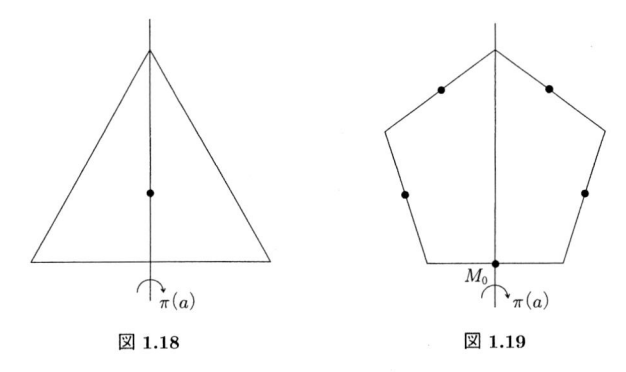

図 1.18　　　　　図 1.19

必要なら a を a^{-1} にとりかえて

$$\chi_{D_e}(a) = \sqrt{-1}$$

とできる．頂点からつくられる因子 D_v は，a のもう 1 つの固定点 M_0' と $(n-1)/2$ 個の $\pi(\langle a \rangle)$ 軌道因子の和なので，同様に

$$\begin{aligned}
\chi_{D_v}(a) &= \chi_{M_0'}(a)(-1)^{\frac{n-1}{2}} \\
&= \chi_{M_0}(a)^{-1}(-1)^{\frac{n-1}{2}} \\
&= \chi_{D_e}^{-1}(a) \\
&= -\sqrt{-1}
\end{aligned}$$

最後に，D_f は $\pi(\langle a \rangle)$ 軌道因子なのでやはり巡回群のときの結果より

$$\chi_{D_f} = -1$$

となる．n が偶数の場合についても同様の方法で求まる．ただし $n/2$ が偶数のときは，a として，$\pi(a)$ が正 n 角形の頂点を通る軸を中心とした π 回転を，$n/2$ が奇数のときは，正 n 角形の辺の中点を通る軸を中心とした π 回転をとるものとすると，表 1.3 の値が得られる．

2 項正 4 面体群 $\widetilde{\mathcal{T}}$　基本関係より

$$a = baba^{-1} = b^2(b^{-1}aba^{-1})$$

なので

$$\chi(a) = \chi(b)^2$$

よって $\chi(b)$ が求まればよい．あとは $\widetilde{\mathcal{D}}_n$ のときと同様．

2項正8面体群 $\widetilde{\mathcal{O}}$　基本関係より

$$a = baba^{-1} = b^2(b^{-1}aba^{-1})$$

よって

$$\chi(a) = \chi(b)^2$$

一方 $a^3 = b^4$ なので

$$\chi(a)^3 = \chi(b)^4 = (\chi(b)^2)^2 = \chi(a)^2$$

したがって

$$\chi(a) = 1, \quad \chi(b)^2 = 1$$

$\chi(b)$ の値については，$\widetilde{\mathcal{D}}_n$ のときと同様にして，巡回群の場合の結果を用いて計算できる．

2項正20面体群 $\widetilde{\mathcal{I}}$　基本関係より

$$a = baba^{-1} = b^2(b^{-1}aba^{-1})$$

なので

$$\chi(a) = \chi(b)^2$$

したがって

$$\begin{aligned}
\chi(a)^3 &= \chi(b)^6 \\
&= \chi(b^6) \\
&= \chi(a^3 b) \quad (\text{基本関係より}) \\
&= \chi(a)^3 \chi(b)
\end{aligned}$$

となるので

$$\chi(a) = \chi(b) = 1$$

を得る．

以上をまとめると

命題 1.5.7 因子の指標は生成元において表 1.3 の値をとる．

表 1.3 指標の表

χ は Γ 軌道因子の指標．$\zeta = \exp(2\pi\sqrt{-1}/n), \omega = \exp(2\pi\sqrt{-1}/3)$.
a, b は生成元．

	$\mathcal{C}_n$	$\mathcal{C}_n$
	n : 奇数	n : 偶数
	a	a
χ_{P_0}	ζ	ζ
χ_{P_∞}	ζ^{-1}	ζ^{-1}
χ	1	-1

	$\widetilde{\mathcal{D}}_n$ n:奇数		$\widetilde{\mathcal{D}}_n$ n:偶数		$\widetilde{\mathcal{T}}$		$\widetilde{\mathcal{O}}$		$\widetilde{\mathcal{I}}$	
	a	b	a	b	a	b	a	b	a	b
χ_{D_v}	$-\sqrt{-1}$	-1	-1	-1	ω	ω^2	1	-1	1	1
χ_{D_e}	$\sqrt{-1}$	-1	1	-1	1	1	1	-1	1	1
χ_{D_f}	-1	1	-1	1	ω^2	ω	1	1	1	1
χ	-1	1	1	1	1	1	1	1	1	1

1.5.3 不 変 式

Γ 不変因子 D は命題 1.5.5 により，単純軌道因子の和として書けるのであった．

命題 1.5.8 因子 D を

$$\begin{cases} D = c_0 P_0 + c_\infty P_\infty + \sum_{i=1}^k D_i & (\Gamma\text{が巡回群のとき}) \\ D = c_v D_v + c_e D_e + c_f D_f + \sum_{i=1}^k D_i & (\Gamma\text{が巡回群以外のとき}) \end{cases}$$

と書く．ただし $c_0, c_\infty, c_v, c_e, c_f$ は 0 以上の整数，D_i は Γ 軌道因子であって，固定化群が自明のもの，すなわち単純軌道因子となるものとする．このとき χ_D

が自明な指標になるための必要十分条件は表 1.4 の中央の欄のようになり，Γ 不変因子は，表 1.4 の右の欄にある Γ 不変因子の和として書けることがわかる．

証明

$$\begin{cases} \chi_D = \chi_{P_0}^{c_0} \chi_{P_\infty}^{c_\infty} \prod_{i=1}^k \chi_{D_i} & (\Gamma \text{が巡回群のとき}) \\ \chi_D = \chi_{D_v}^{c_v} \chi_{D_e}^{c_e} \chi_{D_f}^{c_f} \prod_{i=1}^k \chi_{D_i} & (\Gamma \text{が巡回群以外のとき}) \end{cases}$$

なので，χ_D が自明な指標となるための条件は命題 1.5.7 から求まる．Γ 不変因子が，表 1.4 の右の欄にある Γ 不変因子の和として書けることを示すのはそれほど難しくない． 証明終

表 1.4 Γ 不変因子

$\widetilde{\Gamma}$	係数の条件	Γ 不変因子の生成元
$\mathcal{C}_n$ (n: 奇数)	$n\|c_0 - c_\infty$	$nP_0, nP_\infty, P_0 + P_\infty, D_i$
$\mathcal{C}_n$ (n: 偶数)	$n\|c_0 - c_\infty + kn/2$	$nP_0, nP_\infty, P_0 + P_\infty,$ $\frac{n}{2}P_0 + D_i, \frac{n}{2}P_\infty + D_i, D_i + D_j$
$\widetilde{\mathcal{D}}_n$ (n: 奇数)	$4\|c_e - c_v + 2c_f + 2k$	$4D_v, 4D_e, 2D_f, D_v + D_e, 2D_v + D_f, 2D_e + D_f,$ $2D_v + D_i, 2D_e + D_i, D_f + D_i, D_i + D_j$
$\widetilde{\mathcal{D}}_n$ (n: 偶数)	$2\|c_v + c_f, 2\|c_e + c_v$	$2D_v, 2D_e, 2D_f, D_v + D_e + D_f, D_i$
$\widetilde{\mathcal{T}}$	$3\|c_v - c_f$	$3D_v, D_e, 3D_f, D_v + D_f, D_i$
$\widetilde{\mathcal{O}}$	$2\|c_v + c_e$	$2D_v, 2D_e, D_v + D_e, D_f, D_i$
$\widetilde{\mathcal{I}}$	条件なし	D_v, D_e, D_f, D_i

表 1.4 の右の欄にある因子をもつ同次多項式が不変式環 $R^{\widetilde{\Gamma}}$ を生成することがわかる．例えば奇数位数の巡回群の場合，$R^{\widetilde{\Gamma}}$ は

$$z_1^n, \ z_2^n, \ z_1 z_2, \ f_i \quad (1 \leq i \leq k)$$

で生成される．ただし z_1, z_2, f_i はそれぞれ，その因子が P_0, P_∞, D_i となる同次多項式である．しかし不変式環はもっと少ない元で生成されることが，以下のようにして示される．

補題 1.5.9 Γ 軌道因子を因子としてもつ $\widetilde{\Gamma}$ 半不変式 $f \in \mathbf{C}[z_1, z_2]$ 全体の生成するベクトル空間 W の次元は 2 となる．

$$W = \langle f \in \mathbf{C}[z_1, z_2] \mid \mathrm{div}(f) \text{ は } \Gamma \text{ 軌道因子} \rangle$$

1.5 2項正多面体群の不変式

証明 単純軌道因子をその因子としてもつ半不変式は $|\Gamma|$ 次の同次多項式であった。また命題1.5.6より、Γ 軌道因子 $\mathrm{div}(f)$ の指標は f によらず皆等しい。したがって W の 2 つの元の和も同じ指標をもつ半不変式である。

単純軌道因子を与える W の元が生成する部分空間を V とする。

$$V = \{h \in W \mid \mathrm{div(h)} \text{ は単純軌道因子}\}$$

W の任意の 1 次独立な 2 元 f, g を選ぶ。単純軌道因子 D を与える Γ 軌道 $\mathcal{O}$ に対して、$\mathcal{O}$ の元 x と $\alpha, \beta \in \mathbf{C}$ を、$\alpha f(x) + \beta g(x) = 0$ を満たすように選ぶ。このとき $h = \alpha f + \beta g$ の因子は D そのものである。したがって $h \in V$, すなわち V は f, g の生成する部分空間 $\langle f, g \rangle$ に含まれる。単純軌道因子は少なくとも 2 つ以上あるから、$\dim V \geq 2$. 次元を比べて $V = \langle f, g \rangle$ である。もともと f, g は 1 次独立な勝手な 2 元だったから、$W = V$ であり、$\dim W = \dim V = 2$ がわかる。 証明終

命題 1.5.10 P_0, P_∞ を因子としてもつ多項式をそれぞれ z_1, z_2 とする。D_v, D_e, D_f を因子としてもつ同次式をそれぞれ F_v, F_e, F_f とする(これらの多項式は定数倍を除いて一意的に決まる)。このとき $\widetilde{\Gamma}$ 不変式環 $R^{\widetilde{\Gamma}}$ は次の元で生成される。

$\mathcal{C}_n$	$z_1^n,\ z_2^n,\ z_1 z_2$
$\widetilde{\mathcal{D}}_n\ (n:\text{奇数})$	$F_v^4,\ F_e^4,\ F_f^2,\ F_v^2 F_f,\ F_e^2 F_f,\ F_v F_e$
$\widetilde{\mathcal{D}}_n\ (n:\text{偶数})$	$F_v^2,\ F_e^2,\ F_f^2,\ F_v F_e F_f$
$\widetilde{\mathcal{T}}$	$F_v^3,\ F_e,\ F_f^3,\ F_v F_f$
$\widetilde{\mathcal{O}}$	$F_v^2,\ F_e^2,\ F_f,\ F_e F_v$
$\widetilde{\mathcal{I}}$	$F_v,\ F_e,\ F_f$

証明 表 1.4 の因子に対応する不変式が $\widetilde{\Gamma}$ 不変式環 $R^{\widetilde{\Gamma}}$ を生成するのであるが，表 1.4 中の Γ 軌道因子 D_i を因子としてもつ半不変式は，補題 1.5.9 により次のような 2 つの半不変式の 1 次結合で書ける．

$$
\begin{array}{ll}
\mathcal{C}_n\ (n:奇数) & z_1^n,\ z_2^n \\
\mathcal{C}_n\ (n:偶数) & z_1^{\frac{n}{2}},\ z_2^{\frac{n}{2}} \\
\widetilde{\mathcal{D}}_n & F_v^2,\ F_e^2 \\
\widetilde{\mathcal{T}}, \widetilde{\mathcal{O}}, \widetilde{\mathcal{I}} & F_e^2,\ F_f^3
\end{array}
$$

したがって，D_i を因子としてもつ半不変式は，他の半不変式で書け，命題にあげたものが生成元になることがわかる． **証明終**

Γ が巡回群でないとき，p, q, r をそれぞれ正多面体の辺の中点，頂点，面の重心の固定部分群 ($\subset \Gamma$) の位数とする．これらは Γ の位数をそれぞれ辺，頂点，面の数で割ったものなので

表 1.5

$\widetilde{\Gamma}$	p	q	r
$\widetilde{\mathcal{D}}_n$	2	2	n
$\widetilde{\mathcal{T}}$	2	3	3
$\widetilde{\mathcal{O}}$	2	4	3
$\widetilde{\mathcal{I}}$	2	5	3

となる．したがって pD_e, qD_v, rD_f は Γ 軌道因子となり，それぞれに対応する半不変式 F_e^p, F_v^q, F_f^r は補題 1.5.9 により 1 次従属なので適当に係数をくくり込めば，

$$F_e^p + F_v^q + F_f^r = 0 \tag{1.6}$$

という関係式が成り立つ．この関係式により不変式環 $R^{\widetilde{\Gamma}}$ の生成元は次のように 3 つにしぼられる．

1.5 2項正多面体群の不変式

定理 1.5.11 不変式環 $R^{\widetilde{\Gamma}}$ の生成元と関係式は表 1.6 で与えられる.

表 1.6 不等式環 $R^{\widetilde{\Gamma}}$

$\widetilde{\Gamma}$	生成元	関係式
$\mathcal{C}_n$	$x = z_1 z_2, y = \frac{z_1^n - z_2^n}{2}, z = \frac{z_1^n + z_2^n}{2\sqrt{-1}}$	$x^n + y^2 + z^2 = 0$
$\widetilde{\mathcal{D}}_n(n:奇数)$	$x = F_f^2, y = 2iF_eF_v, z = i(F_e^2 F_f - F_v^2 F_f)$	$x^{n+1} + xy^2 + z^2 = 0$
$\widetilde{\mathcal{D}}_n(n:偶数)$	$x = F_f^2, y = i(F_e^2 - F_v^2), z = 2iF_eF_vF_f$	$x^{n+1} + xy^2 + z^2 = 0$
$\widetilde{\mathcal{T}}$	$x = e^{\pi i/4}F_e, y = 4^{\frac{1}{3}}F_vF_f, z = F_v^3 - F_f^3$	$x^4 + y^3 + z^2 = 0$
$\widetilde{\mathcal{O}}$	$x = F_f, y = F_v^2, z = F_eF_v$	$x^3y + y^3 + z^2 = 0$
$\widetilde{\mathcal{I}}$	$x = F_v, y = F_f, z = F_e$	$x^5 + y^3 + z^2 = 0$

証明 x, y, z が表 1.6 の関係式を満たすことは式(1.6)を使えば示せるので, 命題 1.5.10 にあげた生成元が x, y, z で書けることを示せばよい. $\widetilde{\mathcal{D}}_n(n:奇数)$ の場合を示そう. 他の場合も同様である. $\widetilde{\mathcal{D}}_n(n:奇数)$ の場合, 式(1.6)は

$$F_e^2 + F_v^2 + F_f^n = 0$$

なので,

$$(F_e^2 + F_v^2)F_f = -F_f^{n+1} = -x^{\frac{n+1}{2}}$$

したがって x と z とで, $F_e^2 F_f, F_v^2 F_f$ が書ける. また式(1.6)より

$$x^n = F_f^{2n} = F_e^4 + F_v^4 + \frac{y^2}{2}$$

$$x^{\frac{n-1}{2}}z = F_f^{n-1}(F_e^2 F_f - F_v^2 F_f) = -\left(F_e^4 - F_v^4\right)$$

なので, F_e^4, F_v^4 は x, y, z で書けることがわかる. 　　　　　　　　証明終

x, y, z を上の定理のものとし, 写像

$$\varphi : \mathbf{C}[w_1, w_2, w_3] \longrightarrow R = \mathbf{C}[z_1, z_2]$$

を $\varphi(w_1) = x, \varphi(w_2) = y, \varphi(w_3) = z$ で定義すると

定理 1.5.12 (1) 写像 φ は環準同型で, その像は不変式環 $R^{\widetilde{\Gamma}}$ である.

(2) 多項式 $f(w_1, w_2, w_3)$ を定理 1.5.11 の関係式の欄で与えられたものとする．f で生成されるイデアルを $\langle f \rangle$ と書くと，$\langle f \rangle = \ker \varphi$ であって，φ は同型

$$\mathbf{C}[w_1, w_2, w_3]/\langle f \rangle \simeq R^{\tilde{\Gamma}}$$

を与える．

証明 (1) は明らか．
(2) $\langle f \rangle \subset \ker \varphi$ なので全射

$$\bar{\varphi} : \mathbf{C}[w_1, w_2, w_3]/\langle f \rangle \longrightarrow R^{\tilde{\Gamma}}$$

を得る．f は既約多項式だから $\mathbf{C}[w_1, w_2, w_3]/\langle f \rangle$ も $R^{\tilde{\Gamma}}$ も整域である．$\mathbf{C}$ 上の整環の間の全射準同型が同型になることと，それらの超越次元 (Krull 次元) が一致することは同値であるので (例えば [13] 4 章参照)，$\mathbf{C}[w_1, w_2, w_3]/\langle f \rangle$ と $R^{\tilde{\Gamma}}$ の超越次元を比べてみよう．

まず，$\mathrm{tr.deg} R^{\tilde{\Gamma}} = 2$ を示そう．$g \in R$ に対して

$$F(W) = \prod_{\gamma \in \tilde{\Gamma}} (W - \gamma \cdot g)$$

の係数は $R^{\tilde{\Gamma}}$ の元であって $F(g) = 0$ なので R は $R^{\tilde{\Gamma}}$ の代数拡大となる．したがって

$$\mathrm{tr.deg} R^{\tilde{\Gamma}} = \mathrm{tr.deg} R = 2$$

一方

$$\mathrm{tr.deg} \mathbf{C}[w_1, w_2, w_3]/\langle f \rangle \leq \mathrm{tr.deg} \mathbf{C}[w_1, w_2, w_3] = 3$$

であって $\mathbf{C}[w_1, w_2, w_3]/\langle f \rangle$ と $\mathbf{C}[w_1, w_2, w_3]$ は同型ではないので

$$\mathrm{tr.deg} \mathbf{C}[w_1, w_2, w_3]/\langle f \rangle \leq 2$$

写像 $\bar{\varphi}$ は全射なので

$$\mathrm{tr.deg}\mathbf{C}[w_1, w_2, w_3]/\langle f \rangle \geq 2$$

よって

$$\mathrm{tr.deg}\mathbf{C}[w_1, w_2, w_3]/\langle f \rangle = 2$$

証明終

2

クライン特異点

第1章では正多面体の幾何学的対称性を二項正多面体群 $\widetilde{\Gamma}$ に言い換え，$\widetilde{\Gamma}$ の $\mathbf{C}^2$ への作用に関する不変式を求めた．これらの不変式によって，$\widetilde{\Gamma}$ の $\mathbf{C}^2$ への作用に関する軌道空間 $\mathbf{C}^2/\widetilde{\Gamma}$ には，アフィン代数曲面の構造が入る．この代数曲面が，この本のテーマであるクライン特異点を持つのである．

2.1 軌道空間

第1章の最後で求めた $\widetilde{\Gamma}$ の不変式は，どのような情報をもたらしてくれるであろうか．簡単な例から始めよう．

平面 $\mathbf{R}^2$ に2次巡回群 $\mathcal{C}_2 = \langle \sigma \rangle$ が

$$\sigma \cdot (z_1, z_2) = (-z_1, -z_2)$$

と作用しているとしよう．軌道空間 (軌道の集合のこと．$\mathbf{R}^2/\mathcal{C}_2$ と書く) は，上半平面の x 軸の正の部分と負の部分を同一視して得られる錐である (図 2.1)．

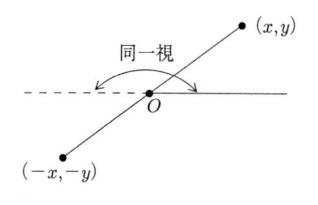

図 2.1

一方 $\mathcal{C}_2$ は多項式環 $\mathbf{R}[z_1, z_2]$ に

$$\sigma \cdot f(z_1, z_2) = f(-z_1, -z_2)$$

と作用し，その不変式のなす環は $x = z_1^2, y = z_2^2, z = z_1 z_2$ で生成される．

$$\mathbf{R}[z_1, z_2]^{\mathcal{C}_2} = \mathbf{R}[x, y, z]$$

これらの生成元の間には $z^2 = xy$ という関係がある．不変式は各軌道上で一定の値をとる．例えば点 (a, b) の軌道は

$$\{(a, b), (-a, -b)\}$$

であるが，上の生成元はこの 2 点において $x = a^2, y = b^2, z = ab$ なる値をとる．これらの値は各軌道を区別するであろうか．簡単な計算により，異なる軌道に対して，値の 3 つ組 (x, y, z) が異なること，逆に $z^2 = xy$ なる関係式を満たす値 (x, y, z) をとる軌道が存在することがわかる．

つまり不変式は軌道空間の座標と思える．しかし不変式環の 3 つの生成元のとる値には関係式があるので

$$X = \left\{ (x, y, z) \in \mathbf{R}^3 \mid z^2 = xy \right\}$$

で定義されるアフィン代数多様体 X の点が軌道空間をパラメトライズするのである．

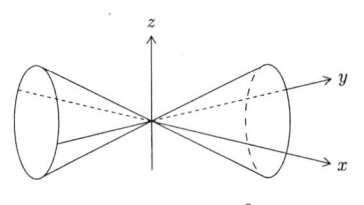

図 2.2 軌道空間 $\mathbf{R}^3 / \mathcal{C}_2$

前章の最後で求めた $\widetilde{\Gamma}$ の不変式を用いて，軌道空間 $\mathbf{C}^2 / \widetilde{\Gamma}$ のアフィン代数曲面としての具体的な表示を求めよう．

x, y, z を定理 1.5.11 で与えられた不変式環の生成元とする．対応 $(z_1, z_2) \mapsto (x, y, z)$ によって写像

$$F : \mathbf{C}^2 \longrightarrow \mathbf{C}^3$$

が定まる. F の像は x, y, z の間の関係式で定まる代数曲面

$$X = \{(w_1, w_2, w_3) \in \mathbf{C}^3 \mid f(w_1, w_2, w_3) = 0\}$$
f は定理 1.5.11 で与えられた関係式の左辺の多項式

に一致することと, x, y, z が不変式の生成元であることより, X が $\widetilde{\Gamma}$ 軌道空間 $\mathbf{C}^2/\widetilde{\Gamma}$ と同一視されることを示そう.

命題 2.1.1 (1) F の像は X と一致する.

$$F(\mathbf{C}^2) = X$$

(2) F は $\widetilde{\Gamma}$ 軌道を区別する, すなわち

$$F(P) = F(P') \Longleftrightarrow P = \gamma(P'), \exists \gamma \in \widetilde{\Gamma}$$

証明 (1) F の像が X に含まれることは明らかなので, $X \subset F(\mathbf{C}^2)$ を示そう. $Q = (a, b, c) \in X$ とする.

$$\mathfrak{A} = \langle x - a, y - b, z - c \rangle \subset \mathbf{C}[z_1, z_2]$$

を $x - a, y - b, z - c$ で生成されたイデアルとすると, $\mathfrak{A} \neq \mathbf{C}[z_1, z_2]$ である. なぜなら, もし $\mathfrak{A} = \mathbf{C}[z_1, z_2]$ と仮定すると

$$f_1 \cdot (x - a) + f_2 \cdot (y - b) + f_3 \cdot (z - c) = 1$$

を満たす多項式 $f_i \in \mathbf{C}[z_1, z_2]$ が存在するので, $\widetilde{\Gamma}$ の元を作用させて和をとり

$$\left(\sum_{\gamma \in \widetilde{\Gamma}} \gamma \cdot f_1\right)(x - a) + \left(\sum_{\gamma \in \widetilde{\Gamma}} \gamma \cdot f_2\right)(y - b) + \left(\sum_{\gamma \in \widetilde{\Gamma}} \gamma \cdot f_3\right)(z - c) = |\widetilde{\Gamma}|$$

を得る. ここで $(\sum_{\gamma \in \widetilde{\Gamma}} \gamma \cdot f_i) \in R^{\widetilde{\Gamma}}$ なので, 多項式 $g_i(w_1, w_2, w_3) \in \mathbf{C}[w_1, w_2, w_3]$ があって

$$g_1(x, y, z) \cdot (x - a) + g_2(x, y, z) \cdot (y - b) + g_3(x, y, z) \cdot (z - c) - |\widetilde{\Gamma}| = 0$$

が成り立つ．定理 1.5.12 により，

$$h(w_1,w_2,w_3) = g_1(w_1,w_2,w_3) \cdot (w_1 - a) + g_2(w_1,w_2,w_3) \cdot (w_2 - b)$$
$$+ g_3(w_1,w_2,w_3) \cdot (w_3 - c) - |\widetilde{\Gamma}| \in \ker\varphi = \langle f \rangle$$

ここで特に $(w_1,w_2,w_3) = (a,b,c)$ とすれば $|\widetilde{\Gamma}| = 0$ となり矛盾する．したがって $\mathfrak{A} \neq \mathbf{C}[z_1,z_2]$ が示された．

一般に $\mathbf{C}^n$ の代数的集合と $\mathbf{C}[z_1,\cdots,z_n]$ の根基イデアルとは 1 対 1 の対応があるので (ヒルベルトの零点定理の系)，$\mathfrak{A} \neq \mathbf{C}[z_1,z_2]$ であれば $\mathfrak{A}$ の元の共通零点 P が存在する．このとき $F(P) = Q$ である．

(2) ($\Rightarrow$) 対偶を示す．任意の $\gamma \in \widetilde{\Gamma}$ に対し $P \neq \gamma(P')$ だったとすると，$g(P) = 0, g(\gamma \cdot P') = 1 \, (\gamma \in \widetilde{\Gamma})$ を満たす多項式 $g \in \mathbf{C}[z_1,z_2]$ が存在する．

$$h = \prod_{\gamma \in \widetilde{\Gamma}} \gamma \cdot g$$

は $\mathbf{C}[z_1,z_2]^{\widetilde{\Gamma}}$ の元なので $\widetilde{h}(x,y,z) = h$ を満たす $\mathbf{C}[w_1,w_2,w_3]$ の元 $\widetilde{h}$ がある．このとき

$$\widetilde{h}(F(P)) = 0, \quad \widetilde{h}(F(P')) = 1$$

なので $F(P) \neq F(P')$．

($\Leftarrow$) F は $\widetilde{\Gamma}$ 不変式による写像なので $P = \gamma(P')$ ならば $F(P) = F(P')$ である． 証明終

この命題により次を得る．

定理 2.1.2 写像 F は，$\widetilde{\Gamma}$ の軌道空間 $\mathbf{C}^2/\widetilde{\Gamma}$ から X への 1 対 1 の対応をひき起こす．

$$\mathbf{C}^2/\widetilde{\Gamma} \simeq X$$

注意 2.1.3 この写像は位相同型であるが，ここではその証明を略す．

この定理により軌道空間 $\mathbf{C}^2/\widetilde{\Gamma}$ をアフィン代数多様体とみなすことができる．

$$\mathbf{C}^2/\widetilde{\Gamma} = \{(w_1, w_2, w_3) \in \mathbf{C}^3 \mid f(w_1, w_2, w_3) = 0\}$$

このアフィン代数多様体の座標環は不変式環 $R^{\widetilde{\Gamma}}$ である (定理 1.5.12)．

注意 2.1.4 一般に，$\mathbf{C}^n$ に有限群 G が作用しているとき，軌道空間 $\mathbf{C}^n/G$ には，定理 2.1.2 と同様にアフィン代数多様体の構造が入る．まず $R = \mathbf{C}[z_1, \cdots, z_n]$ の G 不変式環 R^G が有限生成であることを示そう．

$f \in R$ に対して

$$F(T, f) = \prod_{g \in G}(T - g \cdot f) = T^N - a_{f,N-1}T^{N-1} + \cdots (-1)^N a_{f,0}$$

を考える．各係数 $a_{f,i}$ は G 不変式である．$a_{z_i,j}$ $(1 \leq i \leq n, 0 \leq j \leq N-1)$ で生成される R^G の部分環を S と書くと，R は S 加群として $z_1^{i_1} \cdots z_n^{i_n}$ $(0 \leq i_r \leq N-1)$ で生成される．なぜなら，例えば

$$\begin{aligned}
z_1^N &= z_1^{N-1}(z_1) \\
&= z_1^{N-1}\left(a_{z_1,N-1} - \sum_{g \neq 1} g \cdot z_1\right) \\
&= z_1^{N-1}a_{z_1,N-1} - z_1^{N-2}\left(a_{z_1,N-2} - \sum_{g,g' \neq 1}(g \cdot z_1)(g' \cdot z_1)\right) \\
&= \cdots
\end{aligned}$$

という具合にして，z_i^k $(k \geq N)$ は S の元と z_i^r $(r \leq N-1)$ とで書けるからである．S は有限生成なのでネーター環であり，R は S 上有限生成な S 加群なのでネーター加群となる．したがって，その部分 S 加群である R^G もネーター加群になるので (例えば [19]) R^G は，S 上の加群としての有限個の生成元と，S の $\mathbf{C}$ 上の環としての有限個の生成元とで生成される．

R^G の $\mathbf{C}$ 上の環としての生成元を $f_1, \cdots, f_r$ とし，写像 F, φ を

$$F: \mathbf{C}^n \longrightarrow \mathbf{C}^r, \quad z \mapsto (f_1(z), \cdots, f_r(z))$$

$$\varphi: \mathbf{C}[w_1, \cdots, w_r] \longrightarrow R = \mathbf{C}[z_1, \cdots, z_n], \quad w_i \mapsto f_i$$

と定義する．$\mathfrak{a} = \ker \varphi$ とすると，

$$\mathbf{C}[w_1, \cdots, w_r]/\mathfrak{a} \simeq R^G$$

である．$\mathfrak{a}$ によって定まるアフィン代数多様体

$$X = \{x \in \mathbf{C}^r \mid f(x) = 0, f \in \mathfrak{a}\}$$

と F に対して，命題 2.1.1 と同様の命題が，同様の方法で得られるので，X を軌道空間 $\mathbf{C}^n/G$ とみなすことができる．

2.2 特　異　点

定義 2.2.1　n 変数複素多項式 $f_1, \cdots, f_k \in \mathbf{C}[x_1, \cdots, x_n]$ の共通零点として定まる，$\mathbf{C}^n$ のアフィン代数多様体を X とする．

$$X = \{x \in \mathbf{C}^n \mid f_1(x) = \cdots = f_k(x) = 0\}$$

X の点 x においてヤコビ行列

$$\begin{bmatrix} \dfrac{\partial f_1}{\partial x_1} & \cdots & \dfrac{\partial f_1}{\partial x_n} \\ \vdots & & \vdots \\ \dfrac{\partial f_k}{\partial x_1} & \cdots & \dfrac{\partial f_k}{\partial x_n} \end{bmatrix}$$

の階数が $n - r$ (r は X の次元) のとき x を非特異点といい，そうでないとき x を特異点という．X のすべての点が非特異であるとき，X は非特異であるという．

X を解析空間とみたとき，点 x が非特異点ならば陰関数の定理より，x の近傍として $\mathbf{C}^r$ の開集合と同型なものがとれる．そうでない点が特異点である．

例 2.2.2　(1) 曲線の特異点 (図 2.3〜2.5)．

図 2.3 (i) $x^2 - y^2 = 0$　　図 2.4 (ii) $y^2 - x^3 = 0$　　図 2.5 (iii) $y^2 - x^2(x+1) = 0$

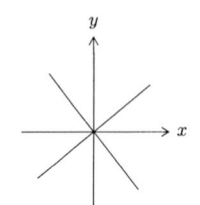

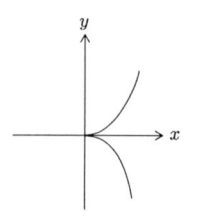

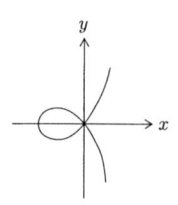

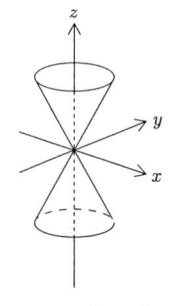

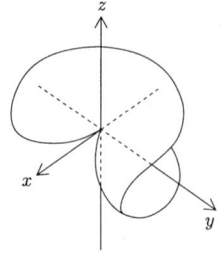

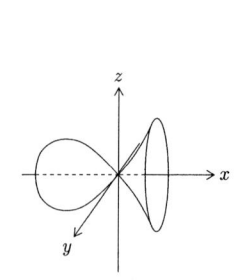

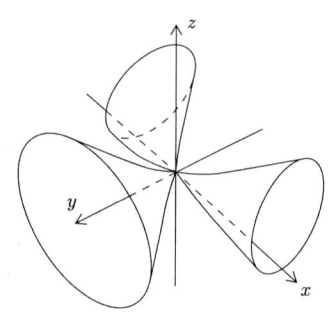

図 2.6 (i) $z^2 = x^2 + y^2$　　図 2.7 (ii) $z^2 = y^2 - x^3$

図 2.8 (iii) $z^2 = x^2(x+1) - y^2$　　図 2.9 (iv) $z^2 = y(y^2 - x^2)$

(i) $x^2 - y^2 = 0$　　(ii) $y^2 - x^3 = 0$　　(iii) $y^2 - x^2(x+1) = 0$
(2) 曲面の特異点 (図 2.6～2.9).
(i) $z^2 = x^2 + y^2$　　(ii) $z^2 = y^2 - x^3$　　(iii) $z^2 = x^2(x+1) - y^2$
(iv) $z^2 = y(y^2 - x^2)$

われわれの軌道空間 $\mathbf{C}^2/\widetilde{\Gamma}$ は特異点をもつだろうか．簡単な計算によって次

のことがわかる．

命題 2.2.3 $SL(2, \mathbf{C})$ の有限部分群 $\widetilde{\Gamma}$ の軌道空間である代数曲面

$$\mathbf{C}^2/\widetilde{\Gamma} = \left\{ (x, y, z) \in \mathbf{C}^3 \mid f(x, y, z) = 0 \right\}$$

は，原点のみに特異点をもつ．ただし $f(x, y, z)$ は定理 1.5.11 で与えられた関係式の左辺の多項式である．

定義 2.2.4 この特異点をクライン特異点とよぶ．

例 2.2.5 例 2.2.2 (2) の (i), (ii), (iv) はそれぞれ $\widetilde{\Gamma} = \mathcal{C}_2, \mathcal{C}_3, \widetilde{\mathcal{D}}_2$ に対応したクライン特異点である．

2.3 ブローアップ

特異点の特徴はどのように表現されるだろうか．例 2.2.2 の特異点を見てみよう．特異点の近傍に着目すると (1) の (ii) は，(i) や (iii) とはだいぶ違った形状をしている．その違いは特異点から発する曲線の向きにある．(2) の曲面の場合では，原点から広がっていく曲面の様子がどれも異なっている．このような状況をはっきりさせる手段の1つとしてブローアップという操作がある．

まず $\mathbf{C}^n$ の原点でのブローアップ $\widetilde{\mathbf{C}}^n$ を定義しよう．$\mathbf{C}^n \times \mathbf{P}^{n-1}$ の部分多様体として $\widetilde{\mathbf{C}}^n$ を次のように定義する．

$$\widetilde{\mathbf{C}}^n = \left\{ ((z_1, \cdots, z_n), (\zeta_1 : \cdots : \zeta_n)) \in \mathbf{C}^n \times \mathbf{P}^{n-1} \,\middle|\, \begin{array}{l} z_i \zeta_j = z_j \zeta_i, \\ i \neq j, i, j = 1, \cdots, n \end{array} \right\}$$

第1成分への射影を φ とする．

$$\varphi : \widetilde{\mathbf{C}}^n \longrightarrow \mathbf{C}^n$$

$\mathbf{C}^n$ の点 P が原点でないなら $\varphi^{-1}(P)$ は1点となる．実際 $P = (a_1, \cdots, a_n)$, $a_i \neq 0$, とすると定義より

$$\zeta_j = \frac{z_j}{z_i}\zeta_i, \quad j \neq i$$

だから

$$\varphi^{-1}(P) = ((a_1, \cdots, a_n), (a_1 : \cdots : a_n))$$

である．ここで $\mathbf{P}^{n-1}$ の点 $(a_1 : \cdots : a_n)$ は原点と P を通る直線の方向を与えていることに注意してほしい．こうして同型

$$\widetilde{\mathbf{C}}^n - \varphi^{-1}(0) \simeq \mathbf{C}^n - \{0\}$$

がわかった．では原点の逆像 $E = \varphi^{-1}(0)$ はどうなっているだろうか．

$$\varphi^{-1}(0) = \left\{((0, \cdots, 0), (\zeta_1, \cdots, \zeta_n)) \in \mathbf{C}^n \times \mathbf{P}^{n-1}\right\}$$

だから,

$$E \simeq \mathbf{P}^{n-1}$$

である．$\mathbf{P}^{n-1}$ の点は $\mathbf{C}^n$ の原点を通る直線と 1 対 1 に対応していたから，E の点は原点を通る直線の方向を与えている．原点以外の $\mathbf{C}^n$ の点 $P = (a_1, \cdots, a_n)$ におけるブローアップも同様に定義される．

$$\widetilde{\mathbf{C}}^n_P = \left\{(z_1, \cdots, z_n)(\zeta_1 : \cdots : \zeta_n) \in \mathbf{C}^n \times \mathbf{P}^{n-1} \;\middle|\; \begin{array}{l}(z_i - a_i)\zeta_j = (z_j - a_j)\zeta_i \\ i \neq j, \quad i, j = 1, \cdots, n\end{array}\right\}$$

次に $\mathbf{C}^n$ で定義されたアフィン代数多様体 X のブローアップを定義しよう．

定義 2.3.1 X の点 P における，X のブローアップ $\widetilde{X}$ を

$$\widetilde{X} = \overline{\varphi^{-1}(X - \{P\})}$$

で定義する．ここで φ は $\mathbf{C}^n$ の P でのブローアップ，上に引いた棒線は閉包をとることを意味する．φ を $\widetilde{X}$ に制限したものを π としよう．

$$\pi : \widetilde{X} \longrightarrow X$$

点 P の逆像 $E = \pi^{-1}(P)$ を例外集合という．X の次元が 2 のときは E を例外曲線とよぶ．X の部分多様体 Y に対して，$\pi^{-1}(Y)$ を Y の全引き戻し，$\overline{\pi^{-1}(Y - \{P\})}$ を Y の狭義引き戻しという．

π は $\widetilde{X} - \pi^{-1}(P)$ から $X - \{P\}$ への同型を与える．点 P において，そこを通る直線の傾きに応じて X を引き伸ばしたものが $\widetilde{X}$ である (図 2.10)．

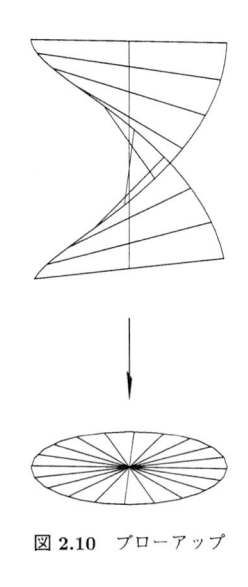

図 2.10 ブローアップ

例 2.3.2 ブローアップによって特異点がどのように変化するか例 2.2.2 で見てみよう．

(1)
$$\widetilde{\mathbf{C}}^2 = \{((x,y),(s:t)) \in \mathbf{C}^2 \times \mathbf{P}^1 \mid tx = sy\}$$

であった．$s \neq 0$ のときは $y = (t/s)x$，$t \neq 0$ のときは $x = (s/t)y$ なので，$u = t/s, v = s/t$ とおくと，$\widetilde{\mathbf{C}}^2$ は次の 2 つの開集合を $x = vy, y = ux$ という関係式で貼り合わせたものになる．

$$\widetilde{\mathbf{C}}^2 = U_1 \cup U_2$$
$$U_1 = \{(x,u) \in \mathbf{C}^2\} \simeq \mathbf{C}^2, \quad U_2 = \{(y,v) \in \mathbf{C}^2\} \simeq \mathbf{C}^2$$

(i)
$$x^2 - y^2 = x^2(1-u^2) = y^2(v^2-1)$$

なので $\widetilde{X}$ は, U_1 では $1-u^2=0$ で, U_2 では $1-v^2=0$ で定義される (図 2.11).

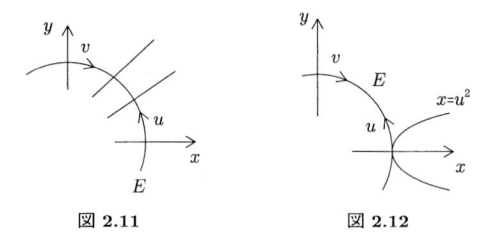

図 2.11　　図 2.12

(ii)
$$y^2 - x^3 = x^2(u^2-x) = y^2(1-v^3y)$$

なので $\widetilde{X}$ は, U_1 では $x-u^2=0$ で, U_2 では $1-v^3y=0$ で定義される (図 2.12).

(iii)
$$y^2 - x^2(x+1) = x^2(u^2-(x+1)) = y^2(1-v^2(yv+1))$$

なので $\widetilde{X}$ は, U_1 では $u^2-x-1=0$ で, U_2 では $1-v^2(yv+1)=0$ で定義される (図 2.13).

(2)
$$\widetilde{\mathbf{C}}^3 = \left\{ ((x_1,x_2,x_3),(\zeta_1:\zeta_2:\zeta_3)) \in \mathbf{C}^3 \times \mathbf{P}^2 \,\middle|\, \begin{array}{l} x_i\zeta_j = x_j\zeta_i, i \neq j \\ i,j = 1,2,3 \end{array} \right\}$$

であった. $\zeta_i \neq 0$ のとき $x_j = (\zeta_j/\zeta_i)x_i$ $(i \neq j)$ なので, $u_{ji} = \zeta_j/\zeta_i$ とおく

2.3 ブローアップ

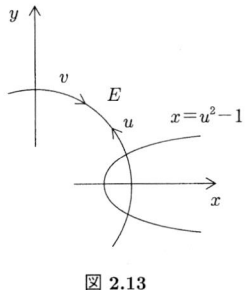

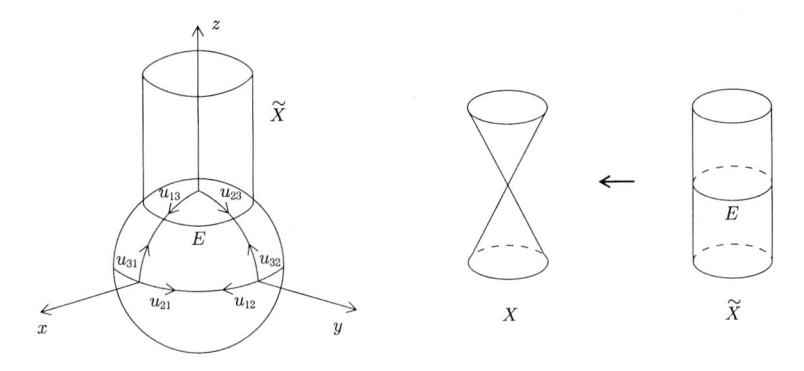

図 2.13

図 2.14

と，$\widetilde{\mathbf{C}}^3$ は，$\mathbf{C}^3$ と同型な次の 3 つの開集合で覆われる．

$$U_1 = \{(x_1, u_{21}, u_{31}) \in \mathbf{C}^3\}, \quad U_2 = \{(x_2, u_{12}, u_{32}) \in \mathbf{C}^3\}$$
$$U_3 = \{(x_3, u_{13}, u_{23}) \in \mathbf{C}^3\}$$

(1) と同様の計算をしよう．各 U_i における $\widetilde{X}$ の定義式は次のようになる．
$x_1 = x$, $x_2 = y$, $x_3 = z$ とする．

(i) (図 2.14)

$$\begin{aligned} z^2 - x^2 - y^2 &= x^2(u_{31}^2 - 1 - u_{21}^2) \\ &= y^2(u_{32}^2 - u_{12}^2 - 1) \\ &= z^2(1 - u_{13}^2 - u_{23}^2) \end{aligned}$$

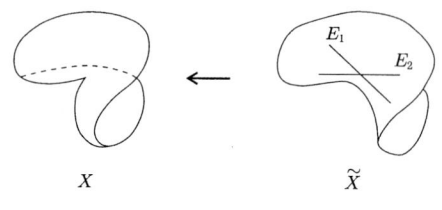

図 2.15

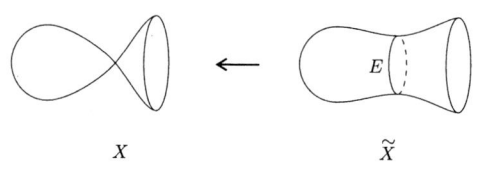

図 2.16

(ii) (図 2.15)
$$\begin{aligned}z^2 - (y^2 - x^3) &= x^2(u_{31}^2 - u_{21}^2 + x) \\ &= y^2(u_{32}^2 - u_{12}^3 y - 1) \\ &= z^2(1 + u_{13}^3 z - u_{23}^2)\end{aligned}$$

(iii) (図 2.16)
$$\begin{aligned}z^2 + y^2 - x^2(x+1) &= x^2(u_{31}^2 + u_{21}^2 - x - 1) \\ &= y^2(u_{32}^2 + 1 - u_{12}^2(u_{12}y + 1)) \\ &= z^2(1 + u_{23}^2 - u_{13}^2(u_{13}z + 1))\end{aligned}$$

(iv)
$$\begin{aligned}z^2 - y(y^2 - x^2) &= x^2(u_{31}^2 - u_{21}x(u_{21}^2 - 1)) \\ &= y^2(u_{32}^2 - y(1 - u_{12}^2)) \\ &= z^2(1 - u_{23}z(u_{23}^2 - u_{13}^2))\end{aligned}$$

$\widetilde{X}$ は 3 つの特異点をもつ. それらは U_1 にある. すなわち,

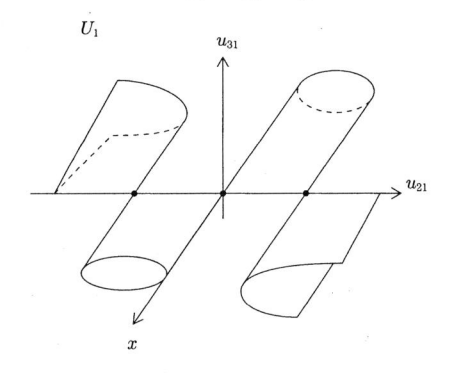

図 2.17

$$(x, u_{21}, u_{31}) = (0,0,0), (0, \pm 1, 0)$$

である (図 2.17). これらの特異点は (i) と同じものである. なぜなら, 例えば $P_1 = (0,0,0)$ において $\widetilde{X}$ は

$$u_{31}^2 - u_{21}x(u_{21}^2 - 1) = 0$$

で定義されるが, P_1 の近傍では $u_{21}^2 - 1 \neq 0$ なので, $x' = x(u_{21}^2 - 1)$ とおけば,

$$u_{31}^2 - u_{21}x' = 0$$

$Z = u_{31}$, $X = (x' + u_{21})/2$, $Y = (x' - u_{21})/(2\sqrt{-1})$ とおいて,

$$Z^2 - X^2 - Y^2 = 0$$

となり, (i) と同じ方程式で与えられた特異点であることがわかる. この3点を (i) と同様にブローアップする

結果は非特異な多様体となる (図 2.18).

2.4 交点数

$\mathbf{C}$ 上の非特異代数曲面 S を, 向き付けられた連結4次元位相多様体とみなす. ポアンカレ双対定理により, S の $\mathbf{Z}$ 係数の2次元ホモロジー群は, コンパクトな台をもつ2次元コホモロジー群と同型である.

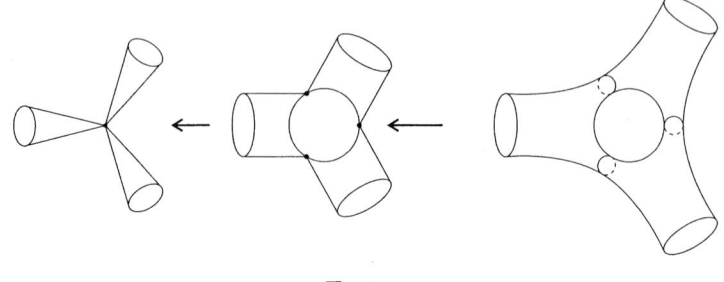

図 2.18

$$H_2(S, \mathbf{Z}) \simeq H_c^2(S, \mathbf{Z})$$

このことから S の 2 次元ホモロジー群に交叉形式

$$H_2(S, \mathbf{Z}) \times H_2(S, \mathbf{Z}) \longrightarrow \mathbf{Z}$$

が入る.これは対称双 1 次形式になる.

第 3 章の最後で示すように,クライン特異点の最小解消 S の 2 次元ホモロジー群 $H_2(S, \mathbf{Z})$ に入る交叉形式が,$H_2(S, \mathbf{Z})$ にルート格子の構造を与える.この構造が特異点の変形空間や,リー環との関係に重要な役割を果たす (第 4 章).交叉形式の計算のための準備として,この節では S 上のコンパクトな代数曲線の交点数を,複素直線束を使って計算する方法を紹介する.曲線の交点数は,その曲線が代表するホモロジー類の交叉積に一致するので,交叉形式が決まるのである (定理 3.4.1).

C を S 上のコンパクトな代数曲線とする.S の開被覆 $\{U_i\}$ をとり,曲線 C が各 U_i において,重複度なしの最小方程式 $f_i = 0$ で定義されているとする.このとき

$$g_{ij} = \frac{f_i}{f_j}$$

は $U_i \cap U_j$ 上で 0 にならない正則関数になり,$\{g_{ij}\}$ を変換関数とする複素直線束が定義できる.これを $L(C)$ と書くことにしよう.

コンパクトな代数曲線 C_1, C_2 に対して,直線束 $L(C_1)$ を C_2 に制限するこ

とによって, C_2 上の直線束 $L(C_1)|_{C_2}$ が得られる. このとき C_1 と C_2 の交点数を, この直線束の次数として定義する.

$$C_1 \cdot C_2 = \deg L(C_1)|_{C_2}$$

これは C_1, C_2 の定めるホモロジー類の交叉積と一致する.

ここで曲線 C 上の複素直線束 L の次数とは, L の第 1 チャーン数ともいわれ, 次のように L の有理切断を使って計算できる. L の局所自明性を与える C の開被覆を $\{U_i\}$ とし, 変換関数を $\{g_{ij}\}$ とする. L の有理切断

$$s : C \to L$$

は

$$s_i(x) = g_{ij}(x) s_j(x), \quad x \in U_i \cap U_j$$

を満たす, U_i 上の有理関数 s_i によって与えられる. 変換関数 g_{ij} は $U_i \cap U_j$ 上で零も極ももたないので, $U_i \cap U_j$ 上で s_i と s_j の零と極は, その位数も含めて一致する. このことから有理切断 s の零と極が定まる. s の零を $P_1, \cdots, P_k$, 極を $Q_1, \cdots, Q_l$ とし, 位数をそれぞれ $m_1, \cdots, m_k$ および $n_1, \cdots, n_l$ としよう. すると C 上の因子

$$(s) = \sum_{i=1}^{k} m_i P_i - \sum_{i=1}^{l} n_i Q_i$$

が定まる. この因子の次数を

$$\deg(s) = \sum_{i=1}^{k} m_i - \sum_{i=1}^{l} n_i$$

とする. 別の有理切断 $s' = \{s'_i\}$ をとると

$$\frac{s_i}{s'_i} = \frac{s_j}{s'_j}$$

なので $\{s_i/s'_i\}$ は C 上の有理関数を定める. コンパクト曲線 C 上の有理関数の零と極が定める因子の次数は 0 に等しいので (例えば [15] II.6 節)

$$\deg(s) = \deg(s')$$

となる．したがって有理切断の定める因子の次数は，有理切断のとり方によらないことがわかる．この次数が複素直線束 L の次数である．

この定義に従って，曲面の点のブローアップで生じた例外曲線 $E \simeq \mathbf{P}^1$ の自己交点数 $E \cdot E$ を計算してみよう．

命題 2.4.1 $\mathbf{C}$ 上の非特異代数曲面 S の 1 点をブローアップして生じた例外曲線を E とすると

$$E \cdot E = -1$$

証明 交点数の定義から E の近傍で計算すればよいので，$\mathbf{C}^2$ の原点でのブローアップ $\widetilde{\mathbf{C}}^2$ で考える．$\widetilde{\mathbf{C}}^2$ は 2 つの開集合

$$U_1 = \{(x,u) \in \mathbf{C}^2\}, \quad U_2 = \{(y,v) \in \mathbf{C}^2\}$$

を $x = vy, y = ux$ という規則で貼り合わせたものであった．例外曲線 E は，U_1 では $x = 0$ で，U_2 では $y = 0$ で定義されているので，変換関数を

$$g_{12} = \frac{x}{y} = v = \frac{1}{u}$$

とする直線束が $L(E)$ である．この直線束を E に制限して得られる E 上の直線束の次数を求めよう．直線束 $L(E)$ の有理切断を，U_1 上 $s_1 = g_{12} = 1/u$, U_2 上 $s_2 = 1$ で与えると，E 上 s_1 は 1 位の極をもち，s_2 は零も極ももたないので

$$\deg L(E)|_E = -1$$

である．すなわち，

$$E \cdot E = -1$$

となる． 証明終

2.5 特異点の解消

前節であげた例では,ブローアップによって特異点がなくなって,非特異な代数多様体が得られている.そして特異点の違いによって例外集合の現れ方が違っていることが見てとれるであろう.特異点をもつ代数的集合を非特異化することは,特異点の性質を調べる上で重要な手段である.

2.5.1 巡回群の場合

定義 2.5.1 X を代数多様体とする.次の性質をもつ射 $\varphi: \widetilde{X} \longrightarrow X$ を X の特異点解消とよぶ
 (i) $\widetilde{X}$ は非特異.
 (ii) φ は固有射.
 (iii) X の非特異点の集合を X_0 とすると

$$\varphi|_{\varphi^{-1}(X_0)} : \varphi^{-1}(X_0) \longrightarrow X_0$$

は同型で,$\varphi^{-1}(X_0)$ は $\widetilde{X}$ において稠密.

注意 2.5.2 標数が 0 の体の上の既約代数多様体の場合には,イデアルによるブローアップという操作による特異点解消が必ずあることが保証されている (広中の特異点解消定理).1 次元,つまり曲線の特異点は前節で定義した,点によるブローアップによって特異点解消が得られる.クライン特異点は,点によるブローアップによって特異点 解消が得られるが,曲面の一般の特異点はイデアルによるブローアップをしなければ特異点解消が得られない.

巡回群の場合のクライン特異点の解消をしよう.例外集合の現れかたに注目してほしい.

$X_n = \mathbf{C}^2/\mathcal{C}_n$ の特異点解消を考える.特異点を何回もブローアップしていってもよいのだが,それは読者にまかせることにして,ここでは一気に解消する方法を示そう.X_n は

$$x^n - yz = 0$$

で定義された曲面に同型であった (2.1 節). $\mathbf{C}^3 \times (\mathbf{P}^1)^{n-1}$ の中で

$$\begin{cases} a_{n-1}x = b_{n-1}y & (a_i : b_i) \in \mathbf{P}^1 \\ a_i b_{i+1} x = a_{i+1} b_i & (1 \le i \le n-2) \\ a_1 z = b_1 x & \end{cases} \quad (2.1)$$

で定義される曲面を $\widetilde{X}_n$ とする. このとき次が成り立つ.

命題 2.5.3

$$\pi : \mathbf{C}^3 \times (\mathbf{P}^1)^{n-1} \longrightarrow \mathbf{C}^3$$

を第 1 成分への射影とすると, π の $\widetilde{X}_n$ への制限

$$\psi : \widetilde{X}_n \longrightarrow X_n$$

は X_n の特異点解消となる. 例外集合 $E = \psi^{-1}(0)$ は, 交点で正規交差する $n-1$ 個の射影直線 $\mathbf{P}^1$ の和集合となる.

$$E = \bigcup_{i=1}^{n-1} E_i, \quad E_i \simeq \mathbf{P}^1$$

例外集合 E の双対グラフは $n-1$ 個の頂点からなるグラフ

○—○—○—···—○—○

で与えられ,

$$E_i \cdot E_i = -2, \quad 1 \le i \le n-1$$

が成り立つ. ここで E の双対グラフとは, E の各既約成分 E_i に頂点を対応させ, E_i と E_j が交わるとき, 対応する頂点を線で結んだグラフである.

$$E_i \cap E_j \ne \phi \Rightarrow \text{○—○}$$
$$E_i \cap E_j = \phi \Rightarrow \text{○ \quad ○}$$

2.5 特異点の解消

証明 $\widetilde{X}_n$ が非特異であることをまず示そう. $\mathbf{P}^1$ のアフィン座標を

$$\begin{cases} u_i = a_i/b_i & (b_i \neq 0) \\ v_i = b_i/a_i & (a_i \neq 0) \end{cases}$$

とする.

$$P = ((x, y, z), (a_1 : b_1), \cdots, (a_{n-1} : b_{n-1}))$$

を $\widetilde{X}_n$ の点とすると, $b_i \neq 0$ かつ $b_{i-1} = 0$ ならば, $a_{i-1} \neq 0$ および式(2.1) より,

$$b_1 = \cdots = b_{i-2} = 0$$

となる. このことから $\widetilde{X}_n$ の開集合 $W_i \, (1 \leq i \leq n)$ を

$$W_i = \left\{ ((x, y, z), (a_1 : b_1), \cdots, (a_{n-1} : b_{n-1})) \in \widetilde{X}_n \,\middle|\, \begin{array}{l} a_1 \cdots a_{i-1} \neq 0 \\ b_i \cdots b_{n-1} \neq 0 \end{array} \right\}$$

とすれば, $\widetilde{X}_n$ は $W_1, \cdots, W_n$ で覆われることがわかる.

$$\widetilde{X}_n = \bigcup_{i=1}^{n} W_i$$

$\widetilde{X}_n$ の定義式(2.1)より, W_i において $\widetilde{X}_n$ は

$$\begin{cases} u_{n-1}x = y & \\ u_k x = u_{k+1} & (k \geq i) \\ x = v_{i-1}u_i & \\ v_{k+1}x = v_k & (k \leq i-2) \\ v_1 x = z & \end{cases} \tag{2.2}$$

で与えられる. $2 \leq i \leq n-1$ のとき, u_i と v_{i-1} の値が決まれば他の座標の値も決まるので, W_i は $\mathbf{C}^2$ に同型であり, W_i の座標として, (u_i, v_{i-1}) をとる

ことができる．W_1, W_n に対しても同様に $(u_1, z), (v_{n-1}, y)$ を座標にとることができて，$\mathbf{C}^2$ に同型となる．

$W_1 \simeq \mathbf{C}^2; ((x, y, z), (a_1 : b_1), \cdots, (a_{n-1} : b_{n-1})) \mapsto (u_1, z)$
$W_i \simeq \mathbf{C}^2; ((x, y, z), (a_1 : b_1), \cdots, (a_{n-1} : b_{n-1})) \mapsto (u_i, v_{i-1}) \qquad (2 \leq i \leq n-1)$
$W_n \simeq \mathbf{C}^2; ((x, y, z), (a_1 : b_1), \cdots, (a_{n-1} : b_{n-1})) \mapsto (v_{n-1}, y)$

したがって $\widetilde{X}_n$ が非特異であることがわかった．

次に $(x, y, z) \neq (0, 0, 0)$ であるとき ψ の逆像が 1 点であることをみよう．$x \neq 0$ なら $x^n + yz = 0$ より，$y, z \neq 0$ である．式(2.1)より，$a_1 b_1 a_{n-1} b_{n-1} \neq 0$．再び式(2.1)より $a_i b_i \neq 0 \, (1 \leq i \leq n-1)$ となって逆像は 1 点となる．$x = 0$ のときは $yz = 0$ である．$y = 0, z \neq 0$ と仮定しよう．式(2.1)より，$a_1 = 0, b_1 \neq 0$．したがって再び式(2.1)より，$a_2 = \cdots = a_{n-1} = 0$．したがって逆像は 1 点となる．$y \neq 0, z = 0$ のときも同様．

最後に例外集合 $E = \psi^{-1}(O)$ を調べよう．$x = y = z = 0$ のとき式(2.1)は

$$a_2 b_1 = a_3 b_2 = \cdots = a_{n-1} b_{n-2} = 0$$

となる．$a_2, \cdots, a_{n-1}$ のうち 0 となるものの添字の最小値を m とする．

$$m = \min\{k \mid a_k = 0, 2 \leq k \leq n-1\}$$

$a_2 a_3 \cdots a_{m-1} \neq 0$ だから $b_1 = \cdots = b_{m-2} = 0$．また，$b_m \neq 0$ より $a_{m+1} = 0, b_{m+1} \neq 0$．以下同様にして $a_{m+1} = \cdots = a_{n-1} = 0$．したがって，

$$E_{m-1} = \{((0, 0, 0), (1 : 0), \cdots, (a_{m-1} : b_{m-1}), (0 : 1), \cdots, (0 : 1))\} \subset \widetilde{X}_n$$

とすれば，

$$E = \bigcup_{i=1}^{n-1} E_i, \qquad E_i \simeq \mathbf{P}^1$$

であり，

$$E_i \cap E_j = \begin{cases} 1 \text{ 点} & (|i - j| = 1) \\ \phi & (\text{その他}) \end{cases}$$

となる.

C 上定義された代数多様体の間の射が固有であることと，これを解析空間の間の射と見て固有であることとは同値であるので，ψ が固有であることもわかる.

次に E_i の自己交点数を計算しよう．$E_i \subset W_i \cup W_{i+1}$ であるから，ここで考えればよい.

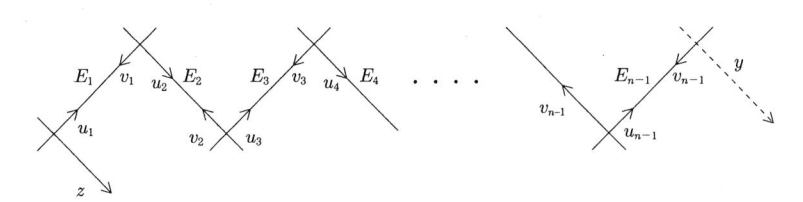

図 2.19

$2 \leq i \leq n-2$ のとき，E_i は W_i において $v_{i-1} = 0$，W_{i+1} において $u_{i+1} = 0$ で定義される．したがって E_i の定義する直線束 $L(E_i)$ (2.4 節参照) の変換関数は $W_i \cap W_{i+1}$ において

$$g_{i,i+1} = \frac{v_{i-1}}{u_{i+1}}$$

で与えられる．式(2.2)より

$$u_{i+1} = u_i x = u_i(v_{i-1} u_i) = v_{i-1} u_i^2$$

なので

$$g_{i,i+1} = \frac{1}{u_i^2}$$

E_i の座標は W_i において u_i だから，命題 2.4.1 の証明と同様にして，

$$\deg L(E_i)|_{E_i} = -2$$

が得られ，

$$E_i \cdot E_i = -2$$

であることがわかる.

$i = 1, n-1$ のときも同様である． 　　　　　　　　　　証明終

2.5.2 巡回群でない場合

0以上の整数 n に対して,次で定義される $\mathbf{P}^2 \times \mathbf{P}^1$ の部分多様体 Σ_n を n 次のヒルツェブルフ曲面という.

$$\Sigma_n := \left\{ ((\zeta_0, \zeta_1, \zeta_2), (s:t)) \in \mathbf{P}^2 \times \mathbf{P}^1 \mid t^n \zeta_0 = s^n \zeta_1 \right\}$$

Σ_n から第 2 成分 $\mathbf{P}^1$ への射影

$$p : \Sigma_n \longrightarrow \mathbf{P}^1$$

によって Σ_n は,$\mathbf{P}^1$ 上の $\mathbf{P}^1$ 束になっている.Σ_n の座標近傍 U_i ($1 \leq i \leq 4$) と局所座標 (x_i, y_i) を

$$\begin{cases} U_1 : (x_1, y_1) = \left(\dfrac{t}{s}, \dfrac{\zeta_0}{\zeta_2} \right), & U_3 : (x_3, y_3) = \left(\dfrac{t}{s}, \dfrac{\zeta_2}{\zeta_0} \right) \\ U_2 : (x_2, y_2) = \left(\dfrac{s}{t}, \dfrac{\zeta_1}{\zeta_2} \right), & U_4 : (x_4, y_4) = \left(\dfrac{s}{t}, \dfrac{\zeta_2}{\zeta_1} \right) \end{cases} \quad (2.3)$$

で与えることができる.Σ_n の定義式より,これらの座標の間には次のような関係式がある.

$$\begin{cases} x_1 = x_3 = \dfrac{1}{x_2} = \dfrac{1}{x_4} \\ y_1 = \dfrac{1}{y_3} = x_2^n y_2 = \dfrac{x_4^n}{y_4} \\ y_2 = \dfrac{1}{y_4} \\ y_3 = \dfrac{1}{x_2^n y_2} = \dfrac{y_4}{x_4^n} \end{cases} \quad (2.4)$$

つまり Σ_n は,$\mathbf{C}^2$ と同型な 4 つの開集合を,式 (2.4) で与えられた関係式で貼り合わせたものである.

Σ_n を $\mathbf{P}^1$ 束と見たとき,$\zeta_2 = 0$ で定義される切断を S_∞ とする.

$$S_\infty : \zeta_2 = 0$$

S_∞ の補集合

$$\Sigma_n^* = \Sigma_n - S_\infty$$

は，U_1 と U_2 で覆われていて，ファイバーの座標変換が

$$y_1 = x_2^n y_2$$

で与えられる複素直線束である．

命題 2.5.4 $\zeta_0 = \zeta_1 = 0$ で定義される Σ_n の曲線 S_0 は，$p : \Sigma_n \to \mathbf{P}^1$ の零切断を与え，その自己交点数は $-n$ である．

$$S_0 \cdot S_0 = -n$$

証明 S_0 は U_1 と U_2 で覆われている．U_1 と U_2 の座標の変換則を使って，ブローアップの例外曲線の自己交点数の計算のときと同様にして (命題 2.4.1)，S_0 の自己交点数が $-n$ であることがわかる． 証明終

例 2.5.5 (1) $\mathbf{C}^2$ の原点でのブローアップ $\widetilde{\mathbf{C}}^2$ は Σ_1^* と同型である．

(2) Σ_1 は $\mathbf{P}^2$ の 1 点でのブローアップ．

(3) $X_n = \mathbf{C}^2/\mathcal{C}_n$ の特異点解消において，例外曲線の既約成分 E_i ($2 \leq i \leq n-2$) は，$\mathbf{C}^2$ と同型な 2 つの開集合 W_i, W_{i+1} で覆われていた (命題 2.5.3 の証明参照)．W_i, W_{i+1} の座標はそれぞれ $(u_i, v_{i-1}), (u_{i+1}, v_i)$ であり，

$$u_i = \frac{1}{v_i}, \quad v_{i-1} = v_i^2 u_{i+1}$$

という関係にあった．これは Σ_n^* の変換則と同じであるから

$$W_i \cup W_{i+1} \simeq \Sigma_2^*$$

である．E_1, E_{n-1} の場合も同様である (図 2.20)．

(4) $\mathbf{P}^1$ の余接束は Σ_2^* と同型である．

$$T^* \mathbf{P}^1 \simeq \Sigma_2^*$$

$\mathbf{P}^1$ の同次座標を $(s : t)$ とする．$T^* \mathbf{P}^1$ は複素直線束であって，各ファイバー

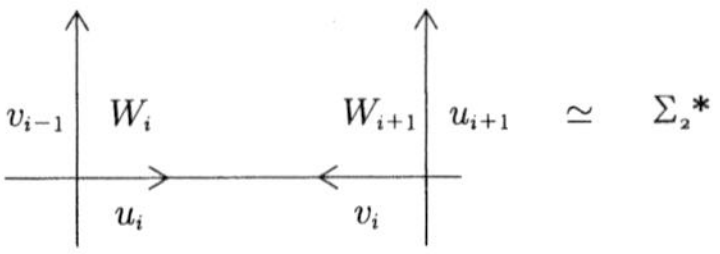

```
         ↑            ↑
 v_{i-1} | W_i    W_{i+1} | u_{i+1}    ≃  Σ₂*
    ─────┼─────   ─────┼─────
         │ u_i    v_i │
         ↓            ↓
```

図 2.20 $W_i \cup W_{i+1}$ と Σ_n^* との同型

は $s \neq 0$ のとき，1 次元線形空間 $\{\zeta_1 d(t/s) | \zeta_1 \in \mathbf{C}\}$ であり，$t \neq 0$ のときは $\{\zeta_2 d(s/t) | \zeta_2 \in \mathbf{C}\}$ である．

$$d\left(\frac{t}{s}\right) = -\left(\frac{t}{s}\right)^2 d\left(\frac{s}{t}\right)$$

なので，ファイバーの座標変換は

$$\zeta_1 = -\left(\frac{s}{t}\right)^2 \zeta_2$$

で与えられるので上の同型がわかる．

この例の (3) と命題 2.5.3 の証明から次のことがわかる．

命題 2.5.6 $\widetilde{\Gamma}$ が巡回群の場合，クライン特異点 $X_n = \mathbf{C}^2/\mathcal{C}_n$ の特異点解消 $\widetilde{X}_n$ は，$\mathbf{C}^2$ に同型な n 個の開集合 $W_1, \cdots, W_n$ で覆われ

$$W_i \cup W_{i+1} \simeq \Sigma_2^*$$

が成り立つ．

さて $\widetilde{\Gamma}$ が巡回群でない場合の特異点解消にとりかかろう．$\mathbf{C}^2$ を原点でブローアップして $\widetilde{\Gamma}$ の作用を $\widetilde{\mathbf{C}}^2$ に持ち上げる．$\widetilde{\mathbf{C}}^2$ は Σ_1^* に同型である．

$$\widetilde{\mathbf{C}}^2 = \{((x_1, x_2), (s:t)) \in \mathbf{C}^2 \times \mathbf{P}^1 \mid sx_2 = tx_1\} \simeq \Sigma_1^*$$

$\widetilde{\Gamma}$ は，$\widetilde{\mathbf{C}}^2$ の第 1 成分と第 2 成分に $SU(2)$ の元として対角的に作用する．

$$\begin{array}{ccc} \widetilde{\mathbf{C}}^2 & \longrightarrow & \mathbf{C}^2 \\ \downarrow & & \downarrow \\ \widetilde{\mathbf{C}}^2/\widetilde{\Gamma} & \longrightarrow & \mathbf{C}^2/\widetilde{\Gamma} \end{array}$$

以下 $\widetilde{\mathbf{C}}^2/\widetilde{\Gamma}$ の特異点の解消を考える．

命題 2.5.7 (1) $\widetilde{\Gamma}$ の中心を Z とする.Z の $\widetilde{\mathbf{C}}^2$ への作用による軌道空間は Σ_2^* と同型になり,$\widetilde{\Gamma}$ の $\widetilde{\mathbf{C}}^2$ への作用は Σ_2^* への Γ の作用をひき起こす.

$$\phi : \widetilde{\mathbf{C}}^2 \to \widetilde{\mathbf{C}}^2/Z \simeq \Sigma_2^*$$

(2) $\widetilde{\Gamma}$ は $\widetilde{\mathbf{C}}^2$ の例外曲線 E に作用し,この作用による軌道空間は $\mathbf{P}^1$ と同型になる.

$$E/\widetilde{\Gamma} = \bar{E}/\Gamma \simeq \mathbf{P}^1, \quad \bar{E} = \phi(E)$$

$$\begin{array}{ccccccc}
\widetilde{\mathbf{C}}^2 = \Sigma_1^* & \xrightarrow{\phi} & \Sigma_2^* & \xrightarrow{\pi} & \Sigma_2^*/\Gamma & \simeq & \Sigma_1^*/\widetilde{\Gamma} \\
\downarrow & & p \downarrow & & \bar{p} \downarrow & & \\
\mathbf{P}^1 & \xrightarrow{/Z} & \mathbf{P}^1 & \to & \mathbf{P}^1/\Gamma & \simeq & \mathbf{P}^1
\end{array}$$

(3) $\bar{E} = \phi(E)$ をリーマン球面とみなす.正多面体の面の重心,頂点,辺の中点を通る軸と球面 $\bar{E}$ との交点の集合をそれぞれ S_1, S_2, S_3 とし,$P_i = \pi(S_i)$ とする.このとき Γ は $\bar{E} - (S_1 \cup S_2 \cup S_3)$ に,自由に作用し (すなわち固定化群が自明),同型

$$\Sigma_2^*/\Gamma - \bar{p}^{-1}(\{P_1, P_2, P_3\}) \simeq T^*(\mathbf{P}^1 - \{P_1, P_2, P_3\})$$
$$\simeq \Sigma_2^* - p^{-1}(\{P_1, P_2, P_3\}) \qquad (2.5)$$

が成り立つ.

証明 (1) $\widetilde{\Gamma}$ の中心は

$$\sigma = \begin{bmatrix} -1 & 0 \\ 0 & -1 \end{bmatrix}$$

の生成する位数 2 の群 $\langle \sigma \rangle$ であって,その作用による商は

$$\widetilde{\mathbf{C}}^2 \ni ((x_1, x_2), (s:t)) \mapsto ((x_1^2, x_2^2), (s:t))$$

で与えられる.したがって軌道空間は

$$\widetilde{\mathbf{C}}^2/\langle\sigma\rangle = \{((y_1,y_2),(s:t)) \in \mathbf{C}^2 \times \mathbf{P}^1 \mid s^2 y_2 = t^2 y_1\}$$
$$\simeq \Sigma_2^*$$

となる.

(2) $\Gamma = \widetilde{\Gamma}/\langle\sigma\rangle$ は正多面体群にほかならない (1.4節). $\langle\sigma\rangle$ は E に自明に作用するから, Γ は $\bar{E} = \phi(E) \simeq \mathbf{P}^1$ に作用する. この作用は, Γ のリーマン球面への作用にほかならない (1.4節). $\bar{E} \simeq \mathbf{P}^1$ 上の点 P の Γ 軌道から作られる因子

$$\mathcal{O} = \sum_{\gamma \in \Gamma} \gamma(P)$$

を Γ 軌道因子といった (1.5.1項). Γ 軌道因子 $\mathcal{O}$ に対して, $\mathrm{div}(f) = \mathcal{O}$ となる $\widetilde{\Gamma}$ 半不変式 f が定数倍を除いて定まった. $\mathrm{div}(f)$ が Γ 軌道因子となるような $\widetilde{\Gamma}$ 半不変式 f の全体は, 2次元ベクトル空間 W をなすのであった (補題1.5.9). したがって W の射影化 $\mathbf{P}(W)$ は $\mathbf{P}^1$ と同型で, 対応 $P \mapsto f$ によって正則写像

$$\pi : \bar{E} \longrightarrow \mathbf{P}(W)$$

が得られる. これは全射であって, $x, y \in \mathcal{O}$ なら $\pi(x) = \pi(y)$ なので, 同型

$$\bar{E}/\Gamma \simeq \mathbf{P}(W) \simeq \mathbf{P}^1$$

をひき起こす.

(3) $\widetilde{\Gamma}$ の $\mathbf{C}^2$ への作用において, 点 P が原点でなければ, P の固定化群 $\widetilde{\Gamma}_P$ は自明となる. なぜなら $\mathbf{C}^2$ の座標を適当に選んで

$$P = (1,0), \quad A = \begin{bmatrix} 1 & a \\ 0 & b \end{bmatrix} \in \widetilde{\Gamma}_P$$

とすると, $\det A = 1$ より $b = 1$. $\widetilde{\Gamma}$ は有限群なので,

$$A^n = \begin{bmatrix} 1 & an \\ 0 & 1 \end{bmatrix}$$

が単位行列となる n がある.したがって $a=0$ でなければならない.したがって $\widetilde{\Gamma}_P$ は自明となる.

このことから,$\widetilde{\Gamma}$ の作用による固定化群が自明でない $\widetilde{\mathbf{C}}^2$ の点は,あるとすれば例外曲線 E 上である.したがって Γ の作用による固定化群が自明とならない $\Sigma_2^* = \widetilde{\mathbf{C}}^2/Z$ の点は $\bar{E}$ 上にしかない.$\bar{E}$ をリーマン球面とみなしたとき,$\bar{E}$ の点 P の固定化群が自明でないのは $P \in S_1 \cup S_2 \cup S_3$ であるときに限るから,Γ は $\bar{E} - (S_1 \cup S_2 \cup S_3)$ に自由に作用する.したがって Γ の作用による軌道空間への写像

$$\pi : \bar{E} - (S_1 \cup S_2 \cup S_3) \longrightarrow \bar{E}/\Gamma - \{P_1, P_2, P_3\}$$

は局所同型となるので,局所的な余接束の同型を通じて,余接束の写像

$$\pi_* : T^*(\bar{E} - (S_1 \cup S_2 \cup S_3)) \to T^*(\bar{E}/\Gamma - \{P_1, P_2, P_3\})$$

がひき起こされる.一方 Σ_2^* は余接束 $T^*\mathbf{P}^1$ と同型であり (例 2.5.5 (4)),この π_* は,Γ の $\Sigma_2^* - p^{-1}(S_1 \cup S_2 \cup S_3)$ への作用による商にほかならない.したがって同型(2.5)が得られる. 証明終

さて,Σ_2^*/Γ はどのような特異点をもつであろうか.

命題 2.5.8 軌道空間 $\widetilde{\mathbf{C}}^2/\widetilde{\Gamma} = \Sigma_2^*/\Gamma$ は,$\bar{E}/\Gamma \simeq \mathbf{P}^1$ 上の 3 点 P_1, P_2, P_3 で $\mathbf{C}^2/\mathcal{C}_p, \mathbf{C}^2/\mathcal{C}_q, \mathbf{C}^2/\mathcal{C}_r$ と同じ型のクライン特異点をもつ.ここで p, q, r は表 1.5 で与えられたものである.

証明 Γ の元は,正多面体の辺の中点,頂点,面の重心をそれぞれ通る軸を中心とした回転である.それらの回転の位数 p, q, r は表 1.5 で与えられている.回転軸と球面との交点 $P \in S_1 \cup S_2 \cup S_3$ における固定化群 Γ_P の作用を考えよう.Γ_P の $SU(2)$ への引き戻しを $\widetilde{\Gamma}_P$ とする.

$$\Gamma_P \simeq \mathcal{C}_n, \quad \widetilde{\Gamma}_P \simeq \mathcal{C}_{2n}, \quad n = p, q, r$$

である.$\widetilde{\Gamma}$ は $\widetilde{\mathbf{C}}^2$ の第 1,第 2 成分に $SU(2)$ の元として対角的に作用するので,巡回群の $\mathbf{C}^2$ への作用 (1.5.2 項) を考えて,$\widetilde{\Gamma}_P$ の $\widetilde{\mathbf{C}}^2$ への作用は

$$((x_1,x_2),(s:t)) \mapsto ((\eta x_1, \eta^{-1} x_2),(\eta s : \eta^{-1} t)), \quad \eta = \exp\left(\frac{2\pi\sqrt{-1}}{2n}\right)$$

よって Σ_2^* への作用は

$$((y_1,y_2),(s:t)) \mapsto ((\eta^2 y_1, \eta^{-2} y_2),(\eta s : \eta^{-1} t)), \quad \eta = \exp\left(\frac{2\pi\sqrt{-1}}{2n}\right)$$

なので，Σ_2^* の開集合 U_1, U_2 (式 (2.3)) への作用は

$$\left(\frac{t}{s}, y_1\right) \mapsto \left(\zeta^{-1}\frac{t}{s}, \zeta y_1\right)$$

$$\left(\frac{s}{t}, y_2\right) \mapsto \left(\zeta\frac{s}{t}, \zeta^{-1} y_2\right), \quad \zeta = \eta^2$$

となる．点 P において局所座標 (t_1, t_2) と，Γ_P の生成元 γ を適当に選んで，その作用を

$$\gamma \cdot (t_1, t_2) = (\zeta t_1, \zeta^{-1} t_2)$$

とする．これは $\mathcal{C}_n$ の $\mathbf{C}^2$ への作用にほかならない．したがって軌道空間 $\widetilde{\mathbf{C}}^2/\widetilde{\Gamma} = \Sigma_2^*/\Gamma$ は $\bar{E}/\Gamma \simeq \mathbf{P}^1$ 上の 3 点 P_1, P_2, P_3 で，$\mathbf{C}^2/\mathcal{C}_p, \mathbf{C}^2/\mathcal{C}_q, \mathbf{C}^2/\mathcal{C}_r$ と同じ型のクライン特異点をもつ (図 2.21)． 証明終

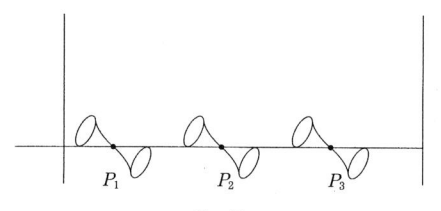

図 2.21 $\widetilde{\mathbf{C}}^2/\widetilde{\Gamma}$ の特異点

$\bar{E}/\Gamma \simeq \mathbf{P}^1$ の余接束は Σ_2^* と同型であった．

$$p : \Sigma_2^* = T^*(\bar{E}/\Gamma) \longrightarrow \bar{E}/\Gamma \simeq \mathbf{P}^1$$

点 $P_i \in \bar{E}/\Gamma$ におけるアフィン座標を t_1 とし，射影 p のファイバーのアフィン座標を t_2 とする．また

$$F_n : \mathbf{C}^2 \longrightarrow X_n = \mathbf{C}^2/\mathcal{C}_n \tag{2.6}$$

を n 次巡回群による商とする．このとき同型 (2.5) より次の命題が成り立つ．

2.5 特異点の解消

命題 2.5.9 $\Sigma_2^* = T^*(\bar{E}/\Gamma)$ からファイバー $p^{-1}(P_i)$ を除いたものと,X_n とを次のように貼り合わせた曲面を S とする.

$$S = \left(\Sigma_2^* - p^{-1}(P_i)\right) \cup X_n$$

$$\Sigma_2^* - p^{-1}(P_i) \ni (t_1, t_2) \sim F_n(z) \in X_n \iff \begin{cases} t_1 = z_1^n, t_2 = z_1^{1-n} z_2 \\ z = (z_1, z_2) \end{cases} \tag{2.7}$$

$\widetilde{\mathbf{C}^2}/\widetilde{\Gamma} = \Sigma_2^*/\Gamma$ と S から,それぞれファイバー $\bar{p}^{-1}(\{P_j, P_k\})$ および $p^{-1}(\{P_j, P_k\})$ を除いた曲面は互いに同型である.ただし $j, k \neq i$ とする.

$$\Sigma_2^*/\Gamma - \bar{p}^{-1}(\{P_j, P_k\}) \simeq S - p^{-1}(\{P_j, P_k\})$$

証明 $\widetilde{\mathbf{C}^2}/Z = \Sigma_2^* = T^*(\bar{E})$ への Γ の作用は,$\bar{E} \simeq \mathbf{P}^1$ への作用から引き起こされる.$\bar{E} \simeq \mathbf{P}^1$ への Γ の作用による商を,$\bar{p}^{-1}(P_i)$ の点の近傍のアフィン座標 z_1 を用いて $z_1 \mapsto z_1^n$ で与えると,

$$d(z_1^n) = n z_1^{n-1} dz_1$$

なので,係数をくくり込んで式 (2.7) が得られ,同型 (2.5) より命題が得られる. 証明終

命題 2.5.9 の曲面 S は点 $F_n(0)$ に特異点をもつ.S の特異点解消を考えよう.

命題 2.5.10 X_n の特異点解消 $\widetilde{X}_n$ と,Σ_2^* とを次のように貼り合わせた曲面を $\widetilde{S}$ とする.

$$\Sigma_2^* \ni (t_1, t_2) \sim (z, u_1) \in W_1 \iff t_1 = z, t_2 = u_1 \tag{2.8}$$

ここで W_1, z, u_1 は命題 2.5.3 の証明で与えたものである.このとき写像 $\varphi : \widetilde{S} \longrightarrow S$ を

$$\begin{cases} \varphi(t_1, t_2) = (t_1, t_2), & (t_1, t_2) \in \Sigma_2^* - p^{-1}(P_i) \\ \varphi(z, u_1) = \psi(z, u_1), & (z, u_1) \in W_1 \end{cases}$$

で定義すると φ は特異点解消となる.ただし,$\psi: \widetilde{X}_n \to X_n$ は命題 2.5.3 で与えた特異点解消とする.φ の例外集合 E は ψ の例外集合 $E_1 \cup \cdots \cup E_{n-1}$ であって,E_1 は Σ_2^* の零切断と正規交叉する.例外集合の双対グラフは $n-1$ 個の頂点からなるグラフとなる (図 2.22).

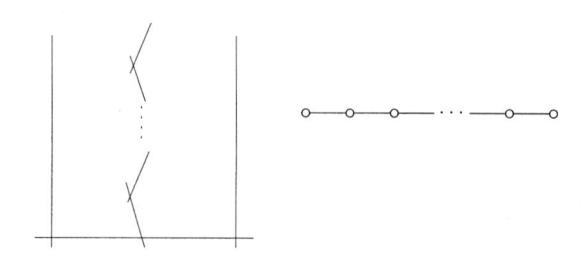

図 2.22 $\Sigma_2^*/\mathcal{C}_n$ の特異点解消とその双対グラフ

証明 φ が $\Sigma_2^* - p^{-1}(P_i)$ と W_1 上で一致することは次のようにして確かめられる.

$$\psi(z, u_1) = (x, y, z) = (zu_1, z^{n-1}u_1^n, z) \tag{2.9}$$

であった (命題 2.5.3 の証明参照).写像(2.6)において

$$F_n(z_1, z_2) = (x, y, z)$$
$$x = z_1 z_2, \quad y = z_2^n, \quad z = z_1^n$$

とすると,式(2.9)と比べて

$$z = z_1^n, \quad u_1 = z_1^{1-n} z_2$$

である.したがって,式(2.8)および式(2.7)の貼り合わせ方から,φ が矛盾なく定義されていることが確かめられた.φ が特異点の解消を与えていることは ψ が X_n の特異点解消であることから従う. **証明終**

命題 2.5.9, 2.5.10 により,Σ_2^* と $\widetilde{X}_p, \widetilde{X}_q, \widetilde{X}_r$ を貼り合わせて $\widetilde{\mathbf{C}}^2/\widetilde{\Gamma}$ の特異

点解消 $\widetilde{X}$ が得られる.

以上をまとめて次の定理が得られる.

命題 2.5.11 $\widetilde{\Gamma}$ は巡回群でないとする. 特異点解消

$$\widetilde{X} \to X = \mathbf{C}^2/\widetilde{\Gamma}$$

の例外集合の双対グラフは, Σ_2^* の零切断に対応する頂点を中心として, 3方向に, それぞれ $p-1$, $q-1$, $r-1$ 個の頂点をもつ枝を伸ばしたグラフとなる.

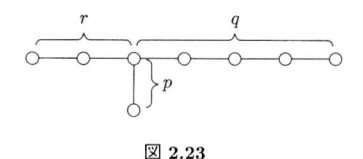

図 2.23

ここで p,q,r は表 1.5 で与えられたものである. また, 例外集合の既約成分 E_i の自己交点数は -2 となる.

こうしてすべての場合にクライン特異点の解消が得られたが, ここで構成した特異点解消は無駄のないものである. つまり次の条件を満たしていることを以下説明しよう.

定義 2.5.12 代数曲面 X の特異点 P が正規点 (すなわち X の, P における局所環が正規環) であるとする. 特異点 P の解消

$$\pi : \widetilde{X} \longrightarrow X$$

が最小解消であるとは, 特異点 P の任意の特異点解消 $\pi' : \widetilde{X}' \to X$ に対して $\pi' = \pi \circ \varphi$ を満たす射 $\varphi : \widetilde{X}' \to \widetilde{X}$ が一意的に存在することである.

$$\begin{array}{ccc} \widetilde{X}' & \xrightarrow{\varphi} & \widetilde{X} \\ {\scriptstyle \pi'} \searrow & & \swarrow {\scriptstyle \pi} \\ & X & \end{array}$$

曲面の正規特異点の最小解消は常に存在することが知られているので (例えば [24] 6 章), 正規特異点の最小解消は一意的に定まる. では特異点解消が最小かどうかを, どのように判定したらよいだろうか.

定理 2.5.13 ([24] 6 章参照) 曲面の正規特異点の解消が最小解消であるための必要十分条件は, 例外集合が第 1 種例外曲線を含まないことである. ここで曲線 C が第 1 種例外曲線であるとは

$$C \simeq \mathbf{P}^1, \quad C \cdot C = -1$$

であるものをいう.

われわれの特異点に戻ろう.

命題 2.5.14 クライン特異点は正規特異点である.

証明 $X = \mathbf{C}^2/\widetilde{\Gamma}$ の座標環は不変式環 $\mathbf{C}[z_1, z_2]^{\widetilde{\Gamma}}$ であった. $\mathbf{C}[z_1, z_2]$ は正規環なので, 不変式のなす部分環 $\mathbf{C}[z_1, z_2]^{\widetilde{\Gamma}}$ は正規環である. 正規環の局所化は正規環になるのでクライン特異点は正規点である. □ 証明終

この命題によりクライン特異点の最小解消が一意的に存在することがわかる. 2.5.1 節および, この節で構成したクライン特異点の解消の例外集合の既約成分は, 自己交点数がすべて -2 なので, 定理 2.5.13 によってこれらは最小解消であったことがわかる. 以上をまとめて次の定理が得られた.

定理 2.5.15 クライン特異点の最小解消の例外集合は, 交点で正規交叉する射影直線の和となり, 各既約成分の自己交点数は -2 である. 例外集合の双対グラフはクライン特異点の型に応じて図 2.24 のようになる.

例 2.5.16 (1) $\mathcal{C}_2$ (図 2.25)
(2) $\mathcal{C}_3$ (図 2.26)

2.5 特異点の解消

(3) $\widetilde{\mathcal{D}}_2$ (図 2.27)

これらは,例 2.2.2 (2) の (i),(ii),(iv) にあげた特異点であり (例 2.2.5),その特異点解消は例 2.3.2 (2) の (i),(ii),(iv) である.

$\mathcal{C}_n$ ○—○—○— − −—○ $n-1$ 個

$\widetilde{\mathcal{D}}_n$ ○—○—○— − −—○〈○○ $n+2$ 個

$\widetilde{\mathcal{T}}$

$\widetilde{\mathcal{O}}$

$\widetilde{\mathcal{I}}$

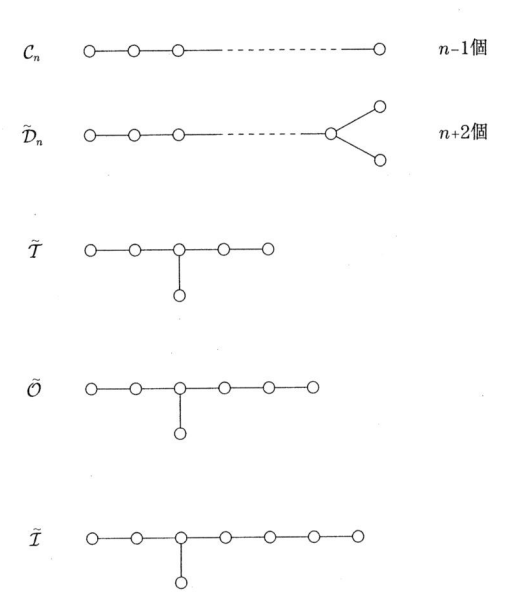

図 2.24 クライン特異点の最小解消の双対グラフ

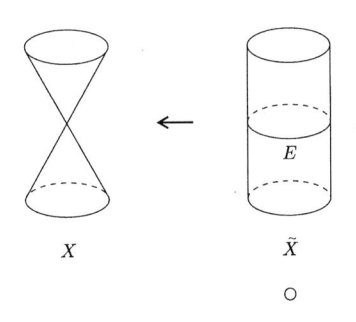

図 2.25

2. クライン特異点

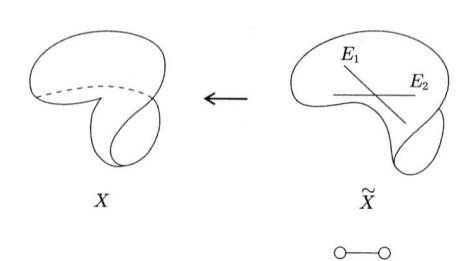

X ← $\widetilde{X}$

図 2.26

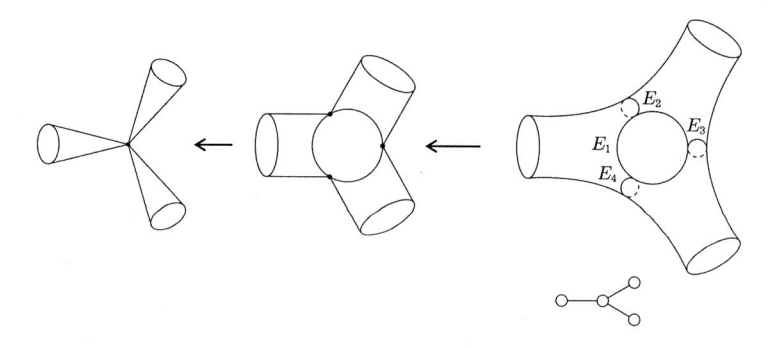

図 2.27

3

ルート系

第 2 章ではクライン特異点の解消をし，その例外集合の交叉の様子を表す図形を描いた．それらはディンキン図形とよばれるものである．特異点解消のプロセスを見てもわかるとおり，この図形は 2 項正多面体群の作用のしかたを表現したものであり，特異点の性質を引き出したものともみなせる．ディンキン図形は，これから解説するルート系と深く関わっている．

3.1 ルート系

ルート系を抽象的に導入する前に，具体的な例から話を始めよう．次のような問題を考える．

1 つの 3 角形を辺に関して次々折り返していって，3 角形が互いに重なることなく，平面 $\mathbf{R}^2$ をすき間なく埋め尽くすことができるか．

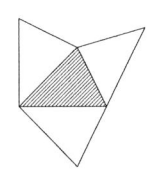

図 3.1

そのようなことができるのは (1) 正 3 角形，(2) 直角 2 等辺 3 角形，(3) 角が $\pi/6, \pi/3, \pi/2$ の直角 3 角形，(4) 角が $\pi/6, \pi/6, \pi/3$ の 2 等辺 3 角形の 4 つの場合に限られる (図 3.2)．

これは次のようにして示される．頂点 A のまわりを回った 3 角形が，もとの 3 角形にぴったり重なるためには

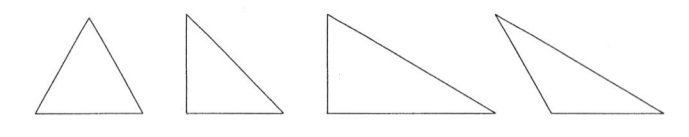

図 3.2

$$\angle A = \frac{2\pi}{p}, \quad p \in \mathbf{N}, \quad p \geq 3$$

でなければならない．同様に

$$\angle B = \frac{2\pi}{q}, \quad \angle C = \frac{2\pi}{r}, \quad q, r \in \mathbf{N}, \quad q, r \geq 3$$

である．さらに

$$\frac{2\pi}{p} + \frac{2\pi}{q} + \frac{2\pi}{r} = \pi \tag{3.1}$$

が成り立つ．いま $p \leq q \leq r$ と仮定する．すると式(3.1)より

$$\frac{1}{2} = \frac{1}{p} + \frac{1}{q} + \frac{1}{r} \leq \frac{3}{p}$$

より $p \leq 6$．よって

$$3 \leq p \leq 6$$

である．さらに次のことが成り立つ．

p が奇数のとき，頂点 A から出る 2 辺の長さは等しくなければならない．

(3.2)

なぜなら辺 AB は頂点 A を中心とする折り返しで辺 AC に重ならなければならないからである (図 3.3)．

p の値で場合分けしよう．

(i) $p = 3$ のとき．式(3.2)より $q = r$ なので式(3.1)は

$$q(q - 12) = 0$$

となる．したがって

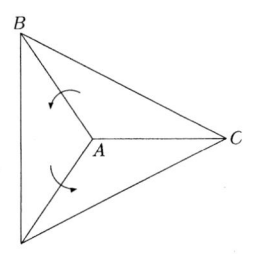

$$(p, q, r) = (3, 12, 12)$$

これは (4) の場合にあたる.

(ii) $p = 4$ のとき. 式(3.1)より

$$(q-4)(r-4) = 16$$

したがって

$$(q, r) = (5, 20), (6, 12), (8, 8)$$

の可能性があるが,最初のものは q について条件式(3.2)を満たさない.後の2つはそれぞれ (3) と (2) の場合である.

(iii) $p = 5$ のとき.条件 (3.2) より $q = r$ であって,さらに式(3.1)より

$$q(3q - 20) = 0$$

これを満たす3以上の整数はない.

(iv) $p = 6$ のとき. 式(3.1)より

$$(q-3)(r-3) = 9$$

$p \leq q \leq r$ なので

$$(q, r) = (6, 6)$$

これは (1) の場合にあたる.

70   3. ルート系

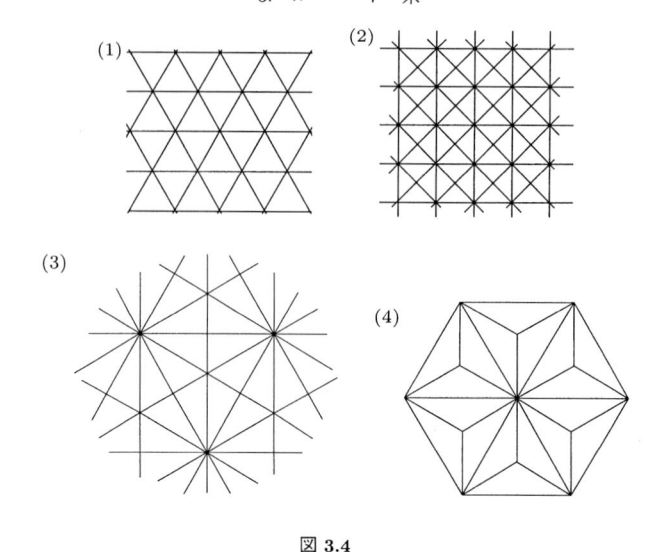

図 3.4

以上求めた $(1),\cdots,(4)$ の 3 角形は実際に条件を満たす (図 3.4).

図 3.4 のモザイク模様には，いくつかの方向に平行線が走っている．それらの直線に関して模様が対称であることもわかる．これらの平行線群を求めてみよう．

まず直線が一番多く集まっている点を原点とする．基本となる 3 角形で一番小さな角をもつ頂点をとればよい．すると平行線は，ベクトル $\alpha \in \mathbf{R}^2$ と整数 $k \in \mathbf{Z}$ を適当にとると

$$L_{\alpha,k} = \{v \in \mathbf{R}^2 \mid \langle v, \alpha \rangle = k\}$$

と書けることがわかる．ここで $\langle\,,\,\rangle$ は $\mathbf{R}^2$ の標準的な内積

$$\langle x, y \rangle = x_1 y_1 + x_2 y_2, \quad x = (x_1, x_2), y = (y_1, y_2)$$

である．

各場合 $(1),\cdots,(4)$ に対して平行直線の集合を $\mathcal{L}_i$，ベクトル α の集合を $\Phi_i\,(i=1,2,3,4)$ とする．

$$\mathcal{L}_i = \{L_{\alpha,k} \mid \alpha \in \Phi_i, k \in \mathbf{Z}\}$$

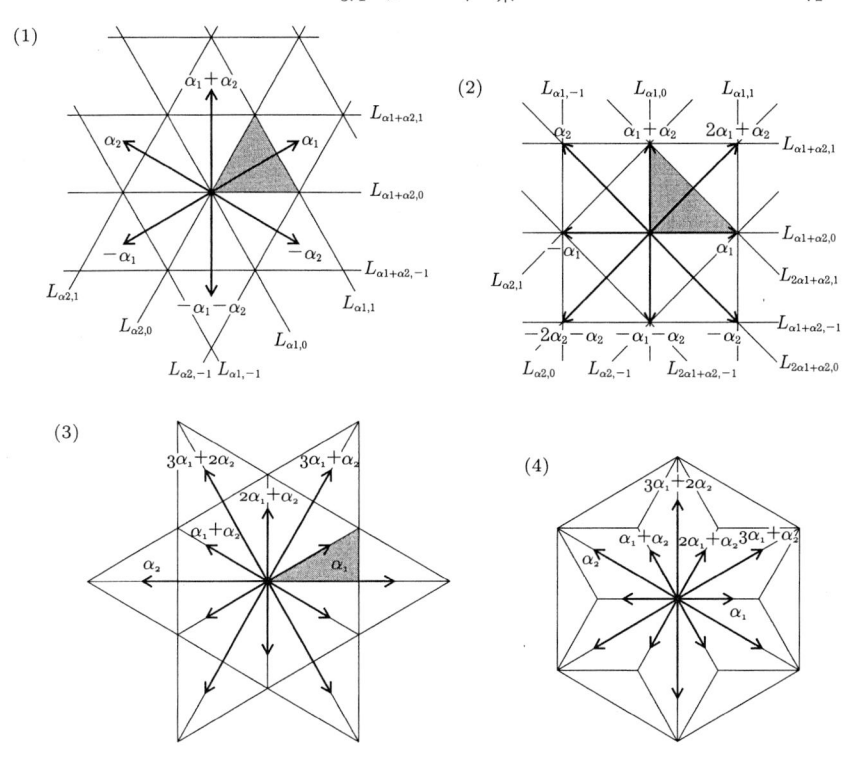

図 3.5 3角形とルート系

Φ_i はどのようなベクトルの集合になるか見てみよう (図 3.5).

このようにして得られた $\mathbf{R}^2$ のベクトルの集合

$$\Phi_1 = \{\pm\alpha_1, \pm\alpha_2, \pm(\alpha_1+\alpha_2)\}$$

$$\Phi_2 = \{\pm\alpha_1, \pm\alpha_2, \pm(\alpha_1+\alpha_2), \pm(2\alpha_1+\alpha_2)\}$$

$$\Phi_3 = \{\pm\alpha_1, \pm\alpha_2, \pm(\alpha_1+\alpha_2), \pm(2\alpha_1+\alpha_2), \pm(3\alpha_1+\alpha_2), \pm(3\alpha_1+2\alpha_2)\}$$

$$\Phi_4 = \{\pm\alpha_1, \pm\alpha_2, \pm(\alpha_1+\alpha_2), \pm(2\alpha_1+\alpha_2), \pm(3\alpha_1+\alpha_2), \pm(3\alpha_1+2\alpha_2)\}$$

は以下で見るように階数 2 のルート系になっている.

注意 3.1.1 上の問題を一般の次元に拡張して, $\mathbf{R}^n$ の単体に関して同じ問題を考える. 直線を超平面に置き換えて得られるベクトルの集合 Φ が次に述べる

一般の階数のルート系となる.

さてルート系を公理的に与えよう. 例は 3.3 節にまとめたので, そちらを参照していただきたい.

定義 3.1.2 V を n 次元ユークリッド空間とする. すなわち正定値内積 $(,)$ をもつ $\mathbf{R}$ 上のベクトル空間とする. V の部分集合 Φ が, 次の 4 つの条件を満たす時, Φ を V におけるルート系といい, n を階数とよぶ.

(1) Φ は有限個の元からなる集合であって, $O \notin \Phi$. さらに Φ は $\mathbf{R}$ 上 V を生成する.

(2) $\alpha \in \Phi$ に対して, α に関する鏡映 S_α を
$$S_\alpha(v) = v - \frac{2(v,\alpha)}{(\alpha,\alpha)}\alpha$$
で定義するとき,
$$S_\alpha(\Phi) = \Phi$$

(3) $\alpha, \beta \in \Phi$ に対して
$$\frac{2(\beta,\alpha)}{(\alpha,\alpha)} \in \mathbf{Z}$$

(4) $\alpha, k\alpha \in \Phi\,(k \in \mathbf{R})$ ならば $k = \pm 1$.

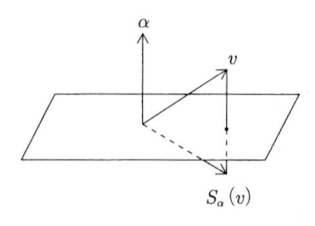

図 3.6 鏡映 S_α

ルート系 Φ が, 空でない 2 つの部分集合 $\Phi_1, \Phi_2\,(\Phi_1 \cap \Phi_2 = \emptyset)$ の和になっていて, 任意の 2 元 $\alpha \in \Phi_1, \beta \in \Phi_2$ に対して $(\alpha,\beta) = 0$ となるとき, すなわち

$$\Phi = \Phi_1 \cup \Phi_2, \quad \Phi_1 \cap \Phi_2 = \emptyset, \quad \Phi_1, \Phi_2 \neq \emptyset, \quad \Phi_1 \perp \Phi_2$$

であるとき Φ を可約ルート系といい，このような分割ができないとき Φ は既約であるという．

定義 3.1.3 V_1, V_2 をユークリッド空間とし，Φ_1, Φ_2 をそれぞれ V_1, V_2 のルート系とする．V_1 から V_2 への線形同型写像 $f : V_1 \to V_2$ であって

$$f(\Phi_1) = \Phi_2$$
$$\frac{2(\alpha, \beta)}{(\beta, \beta)} = \frac{2(f(\alpha), f(\beta))}{(f(\beta), f(\beta))}, \quad \forall \alpha, \forall \beta \in \Phi_1$$

を満たすものがあるとき，ルート系 Φ_1 と Φ_2 は同型であるという．

ルート系の定義から次のことがわかる．

命題 3.1.4 1次独立な2つのルート α, β のなす角を θ とする．α, β を入れ替えるか，その符号を入れ替えるかして

$$(\alpha, \beta) > 0, \quad |\alpha| \leq |\beta|, \quad 0 < \theta \leq \frac{\pi}{2}$$

とする．ここで $|\alpha| = \sqrt{(\alpha, \alpha)}$.

$$C_{\alpha\beta} = \frac{2(\alpha, \beta)}{(\beta, \beta)}$$

とおくと，$C_{\alpha\beta}$ は表3.1にある値をとる．

表 3.1

θ	$|\beta|/|\alpha|$	$C_{\alpha\beta}$	$C_{\beta\alpha}$	$C_{\alpha\beta}C_{\beta\alpha}$
$\pi/2$	決まらない	0	0	0
$\pi/3$	1	1	1	1
$\pi/4$	$\sqrt{2}$	1	2	2
$\pi/6$	$\sqrt{3}$	1	3	3

証明 $(\alpha,\beta) = |\alpha||\beta|\cos\theta$ だから

$$C_{\alpha\beta}C_{\beta\alpha} = 4\cos^2\theta \leq 4$$

である．ルート系の条件より $C_{\alpha\beta}C_{\beta\alpha} \in \mathbf{Z}$．また α,β は 1 次独立なので $\cos\theta \neq 1$．よって

$$C_{\alpha\beta}C_{\beta\alpha} = 4\cos^2\theta = 0, 1, 2, 3$$

$$\therefore \quad \cos^2\theta = 0, \frac{1}{4}, \frac{1}{2}, \frac{3}{4}$$

あとは簡単な計算によって表 3.1 が得られる． **証明終**

ここで得られたルートの長さと角度の関係は，初めにあげた例 Φ_1, Φ_2, Φ_3 にすべて現れていることに注意しよう．

次に定義 3.1.2 の (2) で述べた鏡映に注目しよう．

定義 3.1.5 Φ をユークリッド空間 V のルート系とする．V の直交群 $O(V)$ の中で，Φ の各ルート α に関する鏡映 S_α で生成される部分群 W を，Φ のワイル群とよぶ．

$$W = \langle S_\alpha \mid \alpha \in \Phi \rangle$$

Φ の定義より $W(\Phi) = \Phi$ なので，W は Φ の元の置換をひき起こすが，Φ は V を張っているので W の元は Φ の置換によって決まる．有限集合 Φ の置換は有限なので W は有限群になる．

例 3.1.6 上述の Φ_1, Φ_2, Φ_3 はいずれも階数が 2 の既約ルート系になっていて，そのワイル群はそれぞれ 3 次対称群，位数 8 の 2 面体群，位数 12 の 2 面体群となっている．

他の場合の例については，3.3 節を参照していただきたい．

3.2 ディンキン図形

この節ではルート系の構造と分類を扱う．クライン特異点とルート系との架け橋はディンキン図形とよばれるグラフである．この図形はルート系の分類論から生じたものである．ディンキン図形がルート系の構造の中から抽出されてくる様子は，この節で取り上げる各定理の証明を追うとよくわかる．証明はそれほど難しいものではないのであるが，少々長くなることと，リー環論の入門書に書かれていることでもあるので，ここでは証明を省略することにした．しかし，ルート系の分類は，それ自体大変面白いものなので，例えば[4],[23] などを是非参照していただきたい．

ユークリッド空間 V のルート系 Φ は，V を生成するが1次独立ではない．V の基底であって，さらに次の性質をもつものが Φ の中にとれることが知られている．

定理 3.2.1 ルート系 Φ の部分集合 $\Pi = \{\alpha_1, \cdots, \alpha_l\}$ であって，次の2つの条件を満たすものが存在する．Π を Φ の基底とよび，その元を単純ルートとよぶ．

(i) Π は V の基底．

(ii) Φ の元 β を Π の元の線形結合として
$$\beta = \sum_{i=1}^{l} c_i \alpha_i, \quad c_i \in \mathbf{R}$$
と書くとき，$c_i \in \mathbf{Z}$ である．さらに「すべての i に対して $c_i \geq 0$ である」か「すべての i に対して $c_i \leq 0$ である」かのいずれかの場合が成り立つ．前者の場合 β を正ルートといい，その集合を Φ^+ と書く．後者の場合 β を負ルートといい，その集合を Φ^- と書く．$O \notin \Phi$ なので
$$\Phi = \Phi^+ \cup \Phi^-, \quad \Phi^+ \cap \Phi^- = \phi$$
である．

3.1節の例 $\Phi_1, \cdots, \Phi_4$ の元 α_1, α_2 はルート系の基底となる．一般の例については 3.3節を参照していただきたい．

V の元 v に対して

$$H_v = \{x \in V \mid (x, v) = 0\}$$
$$\Phi_v^+ = \{\alpha \in \Phi \mid (\alpha, v) > 0\}$$

とすると H_v は v と直交する超平面であり，Φ_v^+ は H_v に関して v と同じ側にあるルート全体のなす集合である．

$$\Phi_v^- = -\Phi_v^+$$

とする．

$$V - \bigcup_{\alpha \in \Phi} H_\alpha$$

の元を正則元という．もし v が正則元ならば

$$\Phi = \Phi_v^+ \cup \Phi_v^-$$

となる．v が正則元のとき Φ_v^+ の元 α が v 単純であるとは

$$\alpha = \beta + \gamma \qquad (\beta, \gamma \in \Phi_v^+)$$

と表すことができないことをいう．

正則元 v に対して v 単純なルート全体のなす集合を Π_v と書く．すると Φ の基底は次のようにして得られる．

定理 3.2.2 V の正則元 v に対して Π_v は Φ の基底となる．逆に Φ の基底はすべてこのようにして得られる．

Φ の基底のとり方はどれほどあるだろうか．ルート $\alpha \in \Phi$ に直交する超平面 H_α はユークリッド空間 V を二分する．$V - \cup_{\alpha \in \Phi} H_\alpha$ の連結成分をワイル領域という．V の正則元 v は，ただ 1 つのワイル領域に含まれる．2 つの正則

元 v, v' が同じワイル領域に含まれれば，どのルート α に関しても v と v' は H_α の同じ側にあるので $\Phi_v^+ = \Phi_{v'}^+$ となる．つまり $\Pi_v = \Pi_{v'}$ となる．したがって定理 3.2.2 から

$$\{ \text{ワイル領域} \} \overset{1\,\text{対}\,1}{\longleftrightarrow} \{ \Phi \text{の基底} \Pi \}$$

という 1 対 1 対応が得られる．特に

$$\{ v \in V \mid (v, \alpha) > 0, \alpha \in \Pi \}$$

を，基底 Π に関する基本ワイル領域とよぶ．

例 3.2.3

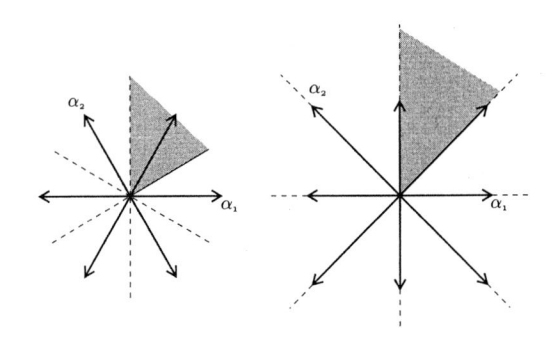

図 3.7 基本ワイル領域

ワイル群はワイル領域の集合にも，Φ の基底の集合にも作用していて，その作用は上述の 1 対 1 対応を通じた作用になっている．ワイル群の，この作用は単純推移的である．

定理 3.2.4 $\Pi = \{\alpha_1, \cdots, \alpha_n\}$ を Φ の基底とする．
(1) V の正則元 v に対して，v を Π に関する基本ワイル領域 $C(\Pi)$ に移すワイル群 W の元 σ がある．

$$(\sigma(v), \alpha_i) > 0, \quad \exists \sigma \in W, \quad 1 \leq i \leq n$$

すなわち σ は v の属するワイル領域を基本ワイル領域 $C(\Pi)$ に移す.

(2) Π' を Φ の基底とすると W の元 σ であって

$$\sigma(\Pi') = \Pi$$

となるものがある.

(3) $\alpha \in \Phi$ に対して $\sigma(\alpha) \in \Pi$ となる $\sigma \in W$ がある.

(4)
$$W = \langle S_\alpha \mid \alpha \in \Pi \rangle$$

(5) $\sigma(\Pi) = \Pi\ (\sigma \in W)$ ならば $\sigma = 1$. よって W は基底の集合に単純推移的に作用する.

　この定理は,抽象的なルート系の定義から決まる,代数的な情報であるルート系の基底やワイル群と,超平面による V の幾何学的な構造であるワイル領域分解とが対応していることを示している. 3.1 節の例や 3.3 節の例でこれらのことを確かめてほしい.

命題 3.2.5　Φ を V のルート系とし,$\Pi = \{\alpha_1, \cdots, \alpha_n\}$ を Φ の基底とする. V' を n 次元ユークリッド空間とし,Φ' をその中のルート系,$\Pi' = \{\alpha'_1, \cdots, \alpha'_n\}$ を Φ' の基底とする.

$$C_{ij} = \frac{2(\alpha_i, \alpha_j)}{(\alpha_j, \alpha_j)}, \quad C'_{ij} = \frac{2(\alpha'_i, \alpha'_j)}{(\alpha'_j, \alpha'_j)}$$

とおくとき次の 2 つの条件は同値となる.

(1) Φ と Φ' は同型.

(2) 基底の順番を適当に入れ替えると

$$C_{ij} = C'_{ij} \qquad (\forall_i, \forall_j)$$

が成り立つ.

定義 3.2.6 命題 3.2.5 で与えられた整数 C_{ij} をカルタン数といい，n 次正方行列

$$C = (C_{ij})_{1 \leq i,j \leq n}$$

をカルタン行列という．

命題 3.2.5 によってルート系の同型類はカルタン数によって決まることがわかる．カルタン数は基底から求めたが，定理 3.2.4(2) によりカルタン数は基底のとり方によらないことがわかる．このことを使って既約ルート系の分類ができる．

命題 3.1.4 で見たようにカルタン数はそれほど多くの値をとるわけではない．その状況を端的に表すグラフを考えよう．

定義 3.2.7 Φ をルート系，Π をその基底とする．Π の各元，すなわち単純ルート α_i に頂点を対応させる．$|C_{ij}| \geq |C_{ji}|$ のとき，頂点 i と j を $|C_{ij}|$ 本の線で結び，$|\alpha_i| < |\alpha_j|$ ならば，j から i へ向かう矢印をつける．

$C_{ij}C_{ji}$	0	1	2	3
グラフ	○　○ i　j	○—○ i　j	○⇐○ i　j	○⇚○ i　j

このようにしてできる図形をルート系のディンキン図形とよぶ．

ディンキン図形はルート系の基底のとり方によらない．またディンキン図形からカルタン数を回復することができるので，ルート系の同型類はディンキン図形によって決まる．

既約なルート系はディンキン図形を用いて分類することができる．

定理 3.2.8 階数 n の既約ルート系のディンキン図形は図 3.8 にあげた図形のいずれかである．

既約ルート系の同型類には，図 3.8 にあるように，A から G までのアルファ

A_n ○――○――――――○――○
    α_1 α_2 α_n

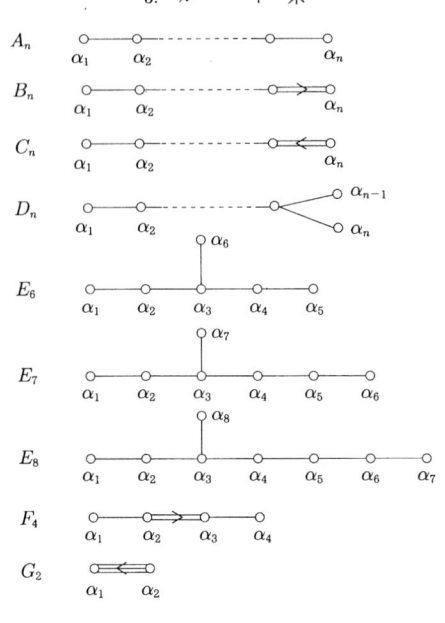

B_n ○――○――――――○⇒○
    α_1 α_2 α_n

C_n ○――○――――――○⇐○
    α_1 α_2 α_n

D_n ○――○――――――○
                  α_{n-1}
    α_1 α_2 ○ α_n

E_6 頂点 α_6
    α_1 α_2 α_3 α_4 α_5

E_7 頂点 α_7
    α_1 α_2 α_3 α_4 α_5 α_6

E_8 頂点 α_8
    α_1 α_2 α_3 α_4 α_5 α_6 α_7

F_4 ○――○⇒○――○
    α_1 α_2 α_3 α_4

G_2 ○⇛○
    α_1 α_2

図 3.8 ディンキン図形

ベットに添字としてルート系の階数を付けた名前がついていて，A_n 型ルート系，E_8 型ルート系などとよぶ習慣になっている．もうお気づきであろうが，ディンキン図形の中には第 2 章でクライン特異点の解消から得られた図形と同じものがある．A_n, D_n, E_n のタイプの図形がそれである．そこでわれわれのクライン特異点にも，特異点解消の例外曲線の双対グラフに対応したディンキン図形の名前をつけて呼ぶことにする．

定義 3.2.9 最小特異点解消の例外集合の双対グラフのタイプに応じて，クライン特異点を A_n, D_n, E_n 型クライン特異点であるという．

ディンキン図形は一方で曲面の特異点から生じ，他方でルート系から現れた．もともとルート系は次章で述べる単純リー環から出てきた概念である．素性の違ったものから同じ図形が現れてくるのは何を意味しているのだろうか．この不思議な一致を説明するためにさまざまな努力がなされてきた．そのなかで最も重要なものとして，クライン特異点を単純リー環の中に実現するというもの

がある．これは第4章で紹介する．

3.3 ルート系の例

3.3.1 A_{n-1}, D_n 型ルート系
(1) A_{n-1}

$\mathbf{R}^n$ の標準基底を $e_1, \cdots, e_n$ とする．

$$e_i = (0, \cdots, 0, \overset{i}{1}, 0, \cdots, 0)$$

$\mathbf{R}^n$ の部分空間 V とその部分集合 Φ を

$$V = \{x = (x_1, \cdots, x_n) \in \mathbf{R}^n \mid \sum_{i=1}^n x_i = 0\}$$

$$\Phi = \{e_i - e_j \mid 1 \leq i, j \leq n, i \neq j\}$$

とすると，V の標準的な内積に関して Φ はルート系になる．Φ の基底として

$$\Pi = \{e_i - e_{i+1} \mid 1 \leq i \leq n-1\}$$

がとれて，この基底に関しての正ルートと負ルートは

$$\Phi^+ = \{e_i - e_j \mid i < j\}, \quad \Phi^- = \{e_i - e_j \mid i > j\}$$

となる．$\alpha_i = e_i - e_{i+1}$ とするとディンキン図形は

○─○─○ ····· ─○─○
α_1　α_2　α_3　　　　α_{n-2} α_{n-1}

となる．$\gamma_{ij} = e_i - e_j$ とおくと

$$S_{\gamma_{ij}}(e_k) = \begin{cases} e_j & (k = i) \\ e_i & (k = j) \\ e_k & (k \neq i, j) \end{cases}$$

なので鏡映 $S_{\gamma_{ij}}$ は e_i と e_j を入れ換える作用をひき起こす．$S_{\gamma_{ij}}$ に n 次対称群 $\mathfrak{S}_n$ の互換 (ij) を対応させることによりワイル群から n 次対称群 $\mathfrak{S}_n$ への同型が得られる．

$$W \simeq \mathfrak{S}_n$$

(2) D_n $(n \geq 4)$

$$V = \mathbf{R}^n$$
$$\Phi = \left\{ \pm(e_i \pm e_j) \mid 1 \leq i,j \leq n, i \neq j \right\}$$

とすると Φ はルート系になる．Φ の基底として

$$\Pi = \left\{ e_1 - e_2, \cdots, e_{n-1} - e_n, e_{n-1} + e_n \right\}$$

がとれて，

$$\alpha_i = e_i - e_{i+1} \ (1 \leq i \leq n-1), \alpha_n = e_{n-1} + e_n$$

とすると，ディンキン図形は

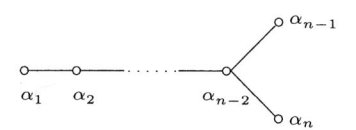

となる．Φ の元による鏡映によって $\pm e_1, \cdots, \pm e_n$ は置換されるが，その際，偶数個だけ符号が変わる．したがってワイル群は n 次対称群 $\mathfrak{S}_n$ と $(\mathbf{Z}/2\mathbf{Z})^{n-1}$ との半直積群と同型になる．W の元を行列表示すれば，各行各列に ± 1 がただ 1 つだけ入った $n \times n$ 行列であって，-1 の数が偶数個のものになる．

3.3.2 E_n 型ルート系

(3) E_n $(n = 6, 7, 8)$

A 型や D 型の場合には，ワイル群の簡単な実現があった．つまりワイル群は文字の置換群や，符号付の文字の置換群であり，ルートは鏡映を与えるベク

トルとして理解することができた．E 型の場合にも同様な特徴づけができることを示そう．

そのために次数 $d\,(d=1,2,3)$ のデル・ペッツォ曲面という複素曲面を考える．例えば 3 次のデル・ペッツォ曲面は，$\mathbf{P}^3$ の 3 次曲面に同型であることが知られている．ワイル群は，この曲面上にある第 1 種例外曲線の交叉数を保つ置換群と同型になることをみよう．

次数 $d\,(d=1,2,3)$ のデル・ペッツォ曲面は，複素射影平面 $\mathbf{P}^2$ 上の一般の位置にある $n=9-d$ 点 $P_1,\cdots,P_n\,(6\leq n\leq 8)$ をブローアップ

$$\pi: S_n \to \mathbf{P}^2$$

して得られる曲面 S_n である．ただし一般の位置にあるとは次の条件を満たすものである．

1) $P_i \neq P_j, \quad i \neq j$.
2) 3 点を通る射影直線がない．
3) 6 点を通る 2 次曲線がない．
4) $n=8$ のとき，8 点を通る 3 次曲線であって，そのうちの 1 点で重複度 2 をもつものがない．

以下でルート系を構成し終わってから，この条件を振り返ってみると，この条件がルートと深くかかわり合っていることがわかるであろう．

曲面 S_n の中間ホモロジー群 $\mathrm{H}_2(S_n,\mathbf{Z})$ は $\mathbf{Z}^{n+1}$ に同型で，交叉形式は次のように入る (例えば [2] I.9 節)．

$$\mathrm{H}_2(S_n,\mathbf{Z}) = \mathbf{Z}e_0 \oplus \mathbf{Z}e_1 \oplus \cdots \oplus \mathbf{Z}e_n$$
$$(e_0,e_0) = 1$$
$$(e_i,e_i) = -1 \quad (1 \leq i \leq n)$$
$$(e_i,e_j) = 0 \quad (0 \leq i,j \leq n,\ i \neq j)$$

ここで $e_0 = [\pi^{-1}(L)]$ は，射影平面 $\mathbf{P}^2$ 上の射影直線 L の全引き戻しの類であり，$e_i\,(i>0)$ は例外曲線 $E_i = \pi^{-1}(P_i)$ の類である．$E_i \cdot E_i = -1$ だった

ので (2.4 節), $(e_i, e_i) = -1$ である.

$$\widetilde{V} = H_2(S_n, \mathbf{Z}) \otimes_{\mathbf{Z}} \mathbf{R}$$

と係数を $\mathbf{R}$ に拡張する. 交点数を線形に拡張することによって $\widetilde{V}$ に入る内積は, 符号数 $(1, n)$ の不定計量内積であるが

$$V = k_{S_n}^{\perp} = \{v \in \widetilde{V} \mid (v, k_S) = 0\}$$
$$k_{S_n} = -3e_0 + e_1 + \cdots + e_n$$

とすると, V には負定値内積が入る. ここで $k_{S_n} = -3e_0 + e_1 + \cdots + e_n$ は S_n の標準類とよばれるもので, 標準束 $\wedge^2 T^*(S_n)$ (正則余接束の 2 回外積は複素直線束になる) に対応する因子の類である. まず V には負定値内積が入ることを示そう.

$\widetilde{V}$ は k_{S_n} と $e_1, \cdots, e_n$ で張られる.

$$(k_{S_n}, ak_{S_n} + \sum_{i=1}^{n} b_i e_i) = 0 \iff (9-n)a = \sum_{i=1}^{n} b_i$$

なので $v = ak_{S_n} + \sum_{i=1}^{n} b_i e_i \in V$ に対して

$$(v, v) = (ak_{S_n} + \sum_{i=1}^{n} b_i e_i, ak_{S_n} + \sum_{i=1}^{n} b_i e_i)$$
$$= a^2(9-n) - 2a \sum_{i=1}^{n} b_i - \sum_{i=1}^{n} b_i^2$$
$$= -a^2(9-n) - \sum_{i=1}^{n} b_i^2 \leq 0$$

となって V には負定値内積が入ることがわかった.

V の部分集合 Φ_n を

$$\Phi_n = \{\alpha \in \sum_{i=0}^{n} \mathbf{Z} e_i \mid (\alpha, k_{S_n}) = 0, (\alpha, \alpha) = -2\}$$

とする. Φ_n の元を書いてみよう. $\alpha = ae_0 + \sum_{i=1}^{n} b_i e_i \in \Phi_n$ とおくと

3.3 ルート系の例

表 3.2 ルート

a	α	
0	$e_i - e_j$	$(1 \leq i, j \leq 8)$
1	$e_0 - e_i - e_j - e_k$	$(1 \leq i, j, k \leq 8)$
2	$2e_0 - \sum_{k \neq i,j} e_k$	$(1 \leq i < j \leq 8)$
3	$3e_0 - 2e_i - \sum_{j \neq i} e_j$	$(1 \leq i \leq 8)$

$(\alpha, k_{S_n}) = 0$ より,

$$3a + \sum_{i=1}^{n} b_i = 0 \tag{3.3}$$

$(\alpha, \alpha) = -2$ より

$$a^2 - \sum_{i=1}^{n} b_i^2 = -2 \tag{3.4}$$

シュヴァルツの不等式によって

$$\left(\sum_{i=1}^{n} b_i \right)^2 \leq n \sum_{i=1}^{n} b_i^2 \tag{3.5}$$

が成立する. これに式(3.3), (3.4)を代入して

$$9a^2 - n(a^2 + 2) \leq 0$$
$$\therefore (9-n)a^2 - 2n \leq 0 \tag{3.6}$$

$n = 8$ のとき $a^2 \leq 16$ なので $|a| = 0, 1, 2, 3, 4$ である. 式(3.3) 〜 (3.6)より α が表 3.2 のように求まる.

$n = 7$ のときはこの表示において e_8 が含まれないもの, $n = 6$ のときは e_7, e_8 が含まれないものが Φ_n の元になる. $n = 6, 7$ のとき $a \leq 2$ となる.

Φ_n が E_n 型のルート系であることを示そう. $k_{S_n}^{\perp}$ の格子

$$\sum_{i=0}^{n} \mathbf{Z} e_i \cap k_{S_n}^{\perp}$$

の元であって長さが一定なものは有限個しかないので Φ_n は有限集合になる. $(\alpha, \alpha) = -2$ なので $O \notin \Phi_n$. Φ_n の n 個の元

$$\Pi = \{e_1 - e_2, \cdots, e_{n-1} - e_n, e_0 - e_1 - e_2 - e_3\}$$

は 1 次独立であって V を張る. $\alpha \in \Phi_n$ に関する鏡映は Φ_n の定義より k_{S_n} を固定し内積を保つから Φ_n を保つ.

最後に, $(\alpha, \alpha) = -2$ なので $\alpha, \beta \in \Phi_n$ に対して

$$\frac{2(\alpha, \beta)}{(\alpha, \alpha)} = -(\alpha, \beta) \in \mathbf{Z}$$

したがって Φ_n は V におけるルート系である.

さらに表 3.2 の元は Π の元の非負整数の 1 次結合で書けることが確かめられるので Π は Φ_n の基底となる.

$$\alpha_0 = e_0 - e_1 - e_2 - e_3, \quad \alpha_i = e_i - e_{i+1} \quad (1 \leq i \leq n-1)$$

とするとディンキン図形は

となり Φ_n が E_n 型のルート系になることがわかった.

S_n 上の既約曲線 C の像 $D = \pi(C)$ は $\mathbf{P}^2$ の既約曲線であり, C は D の狭義引き戻しにほかならない. D が次数 a の曲線で各点 P_i で重複度 b_i をもったとすると

$$[\pi^{-1}(D)] = [C] + \sum_{i=1}^{n} b_i e_i \quad \in \mathrm{H}_2(S_n, \mathbf{Z})$$

となる. ここで

$$[D] = a[\mathrm{line}] \in \mathrm{H}_2(\mathbf{P}^2, \mathbf{Z})$$

であるから

$$[C] = ae_0 - \sum_{i=1}^{n} b_i e_i$$

となる.つまり $ae_0 - \sum_{i=1}^{n} b_i e_i$ を代表する S_n 上の既約曲線は,$\mathbf{P}^2$ の各点 P_i で重複度 b_i をもつ次数 a の曲線の狭義引き戻しである.

このことと,ルート系 Φ_n の表示 (表 3.2) とを考えあわせると,点 $P_1, \cdots, P_n$ が一般の位置にあるという条件は,ルートを代表する既約曲線がないということと同値になる.

次にワイル群を調べよう.曲面 S_n 上の第1種例外曲線 C は

$$C \simeq \mathbf{P}^1, \quad C \cdot C = -1$$

を満たすものであった (定理 2.5.13 参照).$C \simeq \mathbf{P}^1$ なので C の種数 g は 0 である.公式 (adjunction formula とよばれる.[15] 5.1 節などを参照のこと)

$$g = \frac{1}{2}(c, c + k_{S_n}) + 1, \quad c \text{ は曲線 } C \text{ の類}$$

によって $(c, k_{S_n}) = -1$ を得る.すなわち

$$(c, c) = (c, k_{S_n}) = -1 \tag{3.7}$$

いま

$$c = ae_0 - \sum_{i=1}^{n} b_i e_i, \quad a, b_i \in \mathbf{Z}$$

と書くと,この条件は

$$\begin{cases} a^2 - \sum_{i=1}^{n} b_i^2 = -1 \\ 3a - \sum_{i=1}^{n} b_i = 1 \end{cases} \tag{3.8}$$

となる.不等式 (3.5) により

$$(9-n)a^2 - 6a + 1 - n \leq 0$$

したがって $n = 8$ のとき $-1 \leq a \leq 7$.これを満たす各 a に対して式 (3.8) の解を求めると表 3.3 が得られる.

$P_1, \cdots, P_n$ が一般の位置にあるので,これら各元を代表する S 上の第1種

表 3.3 第 1 種例外曲線の類

a	c	
0	e_i	$(1 \leq i \leq 8)$
1	$e_0 - e_i - e_j$	$(1 \leq i,j \leq 8)$
2	$2e_0 - \sum_{l \neq i,j,k} e_l$	$(1 \leq i < j < k \leq 8)$
3	$3e_0 - 2e_i - \sum_{k \neq i,j} e_k$	$(1 \leq i,j \leq 8, i \neq j)$
4	$4e_0 - 2\sum_{l=i,j,k} e_l - \sum_{l \neq i,j,k} e_l$	$(1 \leq i < j < k \leq 8)$
5	$5e_0 - 2\sum_{k \neq i,j} e_k - \sum_{k=i,j} e_k$	$(1 \leq i < j \leq 8)$
6	$6e_0 - 3e_i - 2\sum_{j \neq i} e_j$	$(1 \leq i \leq 8)$

例外曲線がちょうど 1 本ずつ存在する. $n=7$ のときはこの表において e_8 が含まれないもの, $n=6$ のときは表 3.3 において e_7, e_8 が含まれないものが解となる. $n=6$ のときは $a \leq 2$, $n=7$ のときは $a \leq 3$ である.

この表の元の集合を $\mathcal{E}_n$ $(n=6,7,8)$ としよう. その数は表 3.4 のようになる.

表 3.4 第 1 種例外曲線の数

n	6	7	8
本数	27	56	240

$n=6$ のとき曲面 S_n は, 3 次元射影空間で定義された 3 次曲面と同型になる. 3 次曲面上には 27 本の射影直線がのっていることが知られている. この 27 本の直線が, S_n 上の第 1 種例外曲線の集合 $\mathcal{E}_{S_n}$ に一致する.

例 3.3.1 Clebsch の diagonal surface

$\mathbf{P}^4$ のなかで

$$\begin{cases} x_0^3 + \cdots + x_4^3 = 0 \\ x_0 + \cdots + x_4 = 0 \end{cases}$$

で定義される曲面 S 上には

$$x_i + x_j = 0, \; x_k + x_l = 0, \; x_m = 0, \qquad 0 \leq i,j,k,l,m \leq 4$$
$$(i,j,k,l,m \text{ は相異なる})$$

の共通零点として定義される射影直線が 15 本ある. あとの 12 本は次のようにして求まる. α を黄金比 $(\alpha^2 - \alpha - 1 = 0)$ とする. $\mathbf{P}^4$ の超平面

$$H_{ijk} : x_i + x_j + \alpha x_k = 0, \quad 0 \leq i,j,k \leq 4, \quad (i,j,k \text{ は相異なる})$$

と S の定義式を連立させて, x_i と x_l ($l \neq i,j,k$) を消去すると

$$x_k(x_j + x_k + (1-\alpha)x_m)(x_k + x_m + \alpha x_j) = 0, \quad m \neq i,j,k,l$$

が得られるので, H_{ijk} と S とは 3 本の射影直線で交わる. このうちの 1 本は上の 15 本のうちの 1 つである. 残りの 2 本のうちの 1 つを L とすると, L を含む超平面 H_{rst} は 5 個あることがわかる. このようにして新たに計 12 本の射影直線が得られる.

ルート $\alpha \in \Phi_n$ に対して鏡映 $\sigma_\alpha \in \mathrm{Aut}(\mathrm{H}_2(S_n, \mathbf{Z}))$ は内積を保ち, かつ k_{S_n} を固定するので(3.7)により, σ_α は $\mathcal{E}_n$ の置換をひき起こす.

また, 互いに交わらない n 個の $\mathcal{E}_n$ の元の組の集合を $\mathcal{F}_n$ とする.

$$\mathcal{F}_n = \{(l_1, \cdots, l_n) \mid (l_i, l_j) = 0, l_i \in \mathcal{E}_n, i \neq j\}$$

このとき次が成り立つ.

命題 3.3.2 Φ_n のワイル群 W_n の元 σ に対して, $\mathcal{F}_n$ の元 $(\sigma(e_1), \cdots, \sigma(e_n))$ を対応させることによって, W_n の元と $\mathcal{F}_n$ の元は 1 対 1 に対応する.

$$f : W_n \longrightarrow \mathcal{F}_n$$

証明 $e_1, \cdots, e_n$ と k_{S_n} は $\widetilde{V}$ を生成するので f は単射である.
次に全射であることを示そう. $l = ae_0 - \sum b_i e_i \in \mathcal{E}_n$ に対して, r,s,t を適当に選べば, ルート $\alpha = e_0 - e_r - e_s - e_t$ に関する鏡映によって, $\sigma_\alpha(l)$ の e_0 の係数を上げ下げできる. さらにルート $e_i - e_j$ による鏡映で e_k の添字の入れ替えができる. これらの鏡映によって, 例えば e_1 を $\mathcal{E}_n$ のどの元にも移せることが簡単な計算で示せるので, W_n は $\mathcal{E}_n$ に可移に作用することがわかる.

$\mathcal{F}_n$ の任意の元 $(l_1, \cdots, l_n)$ を, W_n の元で $(e_1, \cdots, e_n)$ に移せることをいえばよい. $n = 6$ のときを示そう. 他の場合も同様である. W_n は $\mathcal{E}_n$ に可移に作用するので, まず l_6 を e_6 に移す. その結果を $(l_1', \cdots, l_5', e_6)$ とする. l_i' は e_6 と直交するので, その候補は

$$e_i \ (1 \leq i \leq 5), \quad e_0 - e_i - e_j \ (1 \leq i < j \leq 5), \quad 2e_0 - e_1 - \cdots - e_5$$

の 16 通りである. e_6 を固定しつつ, l_5' を e_5 に移すことができる. 例えば $l_5' = 2e_0 - e_1 - \cdots - e_5$ のときは, ルート $e_0 - e_3 - e_4 - e_5$ と $e_0 - e_1 - e_2 - e_5$ に関する鏡映を, この順にほどこせばよい. その結果を改めて $(l_1', \cdots, l_4', e_5, e_6)$ としよう. l_i' は e_5, e_6 と直交するので, 今度は

$$e_i \quad (1 \leq i \leq 4), \quad e_0 - e_i - e_j \quad (1 \leq i < j \leq 4)$$

の 10 通りが候補である. e_5, e_6 を固定しながら l_4' を e_4 に鏡映で移すと, e_4, e_5, e_6 に直交するのは

$$e_i \quad (1 \leq i \leq 3), \quad e_0 - e_i - e_j \quad (1 \leq i < j \leq 3)$$

の 6 通り. e_4, e_5, e_6 を保ちつつ l_3' を e_3 に移せば, $e_3, \cdots, e_6$ と直交する元は

$$e_1, e_2, e_0 - e_1 - e_2$$

である. l_1', l_2' は互いに直交するので e_1, e_2 のいずれかである. したがって l_2' は 2 通りある.

このようにして $(l_1, \cdots, l_6)$ を W_6 の元によって $(e_1, \cdots, e_6)$ に移せたので, f は全射であることがわかった. 証明終

この証明で W_6 の位数が $27 \cdot 16 \cdot 10 \cdot 6 \cdot 2 = 51840$ であることもわかる. さらに e_8 と直交する $\mathcal{E}_8$ の元の数が 56 であり, さらに e_7 と直交する元の数が 27 であることから

$$|W_7| = 56|W_6|, \quad |W_8| = 240|W_7|$$

がわかる.

ワイル群はさらに次のような特徴付けができる.

$$W_n' = \{\sigma : \mathcal{E}_n \text{ の置換} \mid (\sigma(e), \sigma(e')) = (e, e'), \ \forall e, e' \in \mathcal{E}_n\}$$
$$W_n'' = \{\sigma \in \mathrm{Aut}(\mathrm{H}_2(S_n, \mathbf{Z})) \mid \sigma(k_S) = k_S, \sigma \text{ は交叉形式を保つ}\}$$

とすると

命題 3.3.3
$$W_n \simeq W_n' \simeq W_n''$$

証明 $W_n \subset W_n'$ であった．一方 W_n' の元を σ' とする．$F = (l_1, \cdots, l_n) = (\sigma'(e_1), \cdots, \sigma'(e_n)) \in \mathcal{F}_n$ なので，$F = (\sigma(e_1), \cdots, \sigma(e_n))$ となる $\sigma \in W_n$ がある．$\tau = \sigma^{-1}\sigma'$ とすれば τ は e_i をすべて固定する．表 3.3 を見ると，e_i との交点数 (l, e_i) $(1 \leq i \leq n)$ を与えれば，$\mathcal{E}_n$ の元 l は一意的に決まるので τ は単位元となる．したがって $W_n = W_n'$ が得られた．

$W_n \subset W_n''$ であることはすぐに確かめられる．逆に W_n'' の元は条件から $\mathcal{E}_n$ の交叉数を変えない置換をひき起こす．k_{S_n} と $e_1, \cdots, e_n$ は $\widetilde{V}$ を生成するから $W_n'' \subset W_n$ がわかる． **証明終**

$\mathcal{E}_n$ の各元に対して，それを類としてもつ S_n 上の第1種例外曲線が1本ずつ存在するので，ワイル群 W_n は，これら第1種例外曲線の交叉数を変えない置換群であるといえる．これは A_{n-1} 型ワイル群である対称群が n 文字の置換であることに対応している．例えば n 個の文字の並べ替えを1つ与えれば対称群の元が1つ定まるように，互いに交わらない n 本の第1種例外曲線の並べ替え一組を与えれば，E_n 型ワイル群の元が1つ定まるのである (命題 3.3.2)．

3.4 クライン特異点の解消のホモロジー

第2章で構成した，クライン特異点の最小解消の例外曲線の双対グラフは，3.2節のルート系の分類のときに与えた A, D, E 型のディンキン図形に一致している．そうだとすればルート系は特異点のどこに現れるのであろうかという疑問が自然に湧いてくる．この節ではクライン特異点の最小解消の中間ホモロジーにルート系が現れることをみよう．

$$\varphi : \widetilde{X} \longrightarrow \mathbf{C}^2/\widetilde{\Gamma}$$

をクライン特異点の最小解消とし，$E = \varphi^{-1}(O)$ を例外集合とする．E は射影直線 $\mathbf{P}^1$ と同型な曲線 E_i の和であって，交叉の様子は定理 2.5.15 のグラフで表されていた．

定理 3.4.1 クライン特異点の最小解消 $\widetilde{X}$ の **Z** 係数特異ホモロジーは次で与えられる.

$$H_i(\widetilde{X}, \mathbf{Z}) = \begin{cases} \mathbf{Z} & (i = 0) \\ 0 & (i \neq 0, 2) \\ \mathbf{Z}^n & (i = 2) \end{cases} \quad (3.9)$$

ここで n は例外集合 $E = E_1 \cup \cdots \cup E_n$ の既約成分の数である. 中間ホモロジー $H_2(\widetilde{X}, \mathbf{Z})$ は, 既約成分 $E_i \simeq \mathbf{P}^1$ のホモロジー類 $[E_i]$ で生成される. E の双対グラフから $n \times n$ 行列 $C = (C_{ij})$ を次のように定める.

$$C_{ii} = -2, \quad C_{ij} = \begin{cases} 1 & (E_i \cap E_j \neq \emptyset) \\ 0 & (E_i \cap E_j = \emptyset) \end{cases}$$

このとき交叉形式

$$H_2(\widetilde{X}, \mathbf{Z}) \times H_2(\widetilde{X}, \mathbf{Z}) \longrightarrow \mathbf{Z}$$

は, 基底 $[E_1], \cdots, [E_n]$ に関して行列 C で与えられる負定値形式となる. したがって, $H_2(\widetilde{X}, \mathbf{Z})$ は交叉形式に関して, 特異点に対応するルート格子と同型になる (符号の正負が逆になっている). ただし, ルート格子とはルート系が **Z** 上張る格子 (lattice) のことである.

証明 命題 2.5.3 および命題 2.5.11 の証明によれば $\widetilde{X}$ は $\mathbf{P}^1$ の余接束 $T^*(\mathbf{P}^1) = \Sigma_2^*$ を貼り合わせたものであった.

$$\widetilde{X} = \bigcup_{i=1}^{n} U_i, \quad U_i \simeq \Sigma_2^*$$

したがって $\widetilde{X}$ は弧状連結なので $H_0(\widetilde{X}, \mathbf{Z}) = \mathbf{Z}$ である. 以下 n に関する帰納法を使う.

$$\widetilde{X} = Y \cup U_n, \quad Y = U_1 \cup \cdots \cup U_{n-1}$$

とする. $n=1$ ならば, Σ_2^* の零切断である $E_1 \simeq \mathbf{P}^1$ は Σ_2^* の変位レトラクトなので定理が成り立つ.

Y のホモロジーに関して定理が成り立っているとしよう.

$$Y \cap U_n \simeq \mathbf{C}^2$$

なので

$$\mathrm{H}_i(Y \cap U_n, \mathbf{Z}) \simeq \begin{cases} \mathbf{Z} & (i=0) \\ 0 & (i \neq 0) \end{cases}$$

である. 帰納法の仮定から

$$\mathrm{H}_i(Y, \mathbf{Z}) \oplus \mathrm{H}_i(U_n, \mathbf{Z}) = \begin{cases} \mathbf{Z} \oplus \mathbf{Z} & (i=0) \\ 0 & (i \neq 0, 2) \\ \mathbf{Z}^{n-1} \oplus \mathbf{Z} & (i=2) \end{cases}$$

である. マイヤー・ビートリスの完全系列

$$\cdots \to \mathrm{H}_i(Y \cap U_n, \mathbf{Z}) \to \mathrm{H}_i(Y, \mathbf{Z}) \oplus \mathrm{H}_i(U_n, \mathbf{Z}) \to \mathrm{H}_i(\widetilde{X}, \mathbf{Z})$$
$$\to \mathrm{H}_{i-1}(Y \cap U_n, \mathbf{Z}) \to \cdots$$

を用いて式(3.9)が得られる. 例外集合の既約成分の交叉の様子を表したディンキン図形から決まる行列 C は負定値であることがわかっている ([4] 6 章).

証明終

注意 3.4.2 一般に, 2 次元正規解析空間の特異点は, 孤立特異点となり, 最小特異点解消をもつことが知られている. このとき, 例外集合の双対グラフから定理 3.4.1 のように決まる行列は負定値になることが知られている (例えば [24] 参照).

3.5 クライン特異点の半普遍変形

特異点解消の例外集合を通じて, クライン特異点とルート系は関係していた. 特異点の性質を調べる方法としては, 特異点の解消のほかに, 特異点の変形を

調べる方法がある．クライン特異点の変型空間は，4.15節で述べるようにルート系とワイル群を使って記述することができる．クライン特異点とルート系とのつながりのなかで，変型空間に現れるこの関係こそ最も重要な意味をもつと思われる．

3.5.1 半普遍変形

例 2.2.2(1) の (i) と (iii) は原点に特異点がある．2つの曲線は特異点の近傍で同じ形状をしているので，これら2つの特異点は同じものと見なすのが自然である．そこで孤立特異点を研究するときには，特異点のまわりの局所的な議論をすることが多くなる．その際，代数的に扱う場合と解析的に扱う場合と，2通りの立場がある．結果は同じなので，ここでは孤立特異点をもつ複素曲面を解析空間と見なすことにしよう ([24] 3.2 節，[37] 4.5 節参照)．代数曲面を解析曲面と見なすときには，代数的な概念と，解析的な概念とが同じように振る舞うことが多い．本書で扱うものとしては，点の正規性，写像の平坦性・固有性・滑らかさなどがその例である．これらの性質は，代数的であっても解析的であっても同じなので，ときに応じて使い分けることにする．

解析空間の芽 (X,x) の変形を定義しよう．クライン特異点の場合には，定理 3.5.5 でみるように，半普遍変形が具体的に多項式で与えられるので，ここは飛ばしてもさしつかえない．

定義 3.5.1 解析空間の芽の平坦射

$$\pi : (\mathfrak{X}, p) \longrightarrow (S, s), \ \pi(p) = s.$$

および同型

$$i : (X, x) \xrightarrow{\sim} (\pi^{-1}(s), p), \ i(x) = p.$$

が与えられたとき，3つ組 (π, i, S) を，S を底空間とする (X, x) の変形という．

X, Y がともに非特異であるならば，射 $f : X \to Y$ が平坦であることと，ファイバーの次元が一定であることとは同値である．平坦射 (flat morphism)

3.5 クライン特異点の半普遍変形

というのは，多様体の族を扱うときに大事な概念であるが，ここでは定義しない．例えば [15], [24] などを参照していただきたい．

例 3.5.2 3 次曲線のワイエルシュトラス標準形は，カスプ特異点の変形を与える．

$$\mathfrak{X} = \left\{(x, y, g_2, g_3) \in \mathbf{C}^4 \mid y^2 = 4x^3 - g_2 x - g_3\right\}$$
$$X = \left\{(x, y) \in \mathbf{C}^2 \mid y^2 = 4x^3\right\}$$
$$S = \left\{(g_2, g_3) \in \mathbf{C}^2\right\}$$

として π は $\mathfrak{X}$ の第 3, 第 4 成分への射影である (図 3.9).

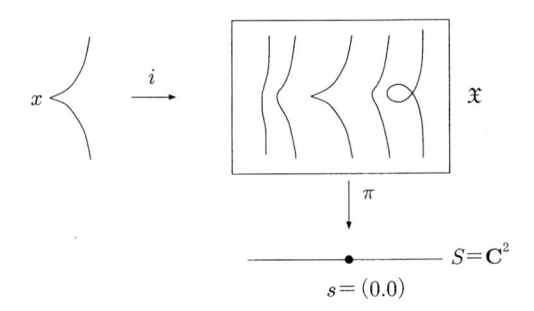

図 3.9 3 次曲線のカスプ特異点の変形

(S, s) 上の (X, x) の 2 つの変形

$$\pi_i : (\mathfrak{X}_i, x) \longrightarrow (S, s) \qquad (i = 1, 2)$$

が同型であるとは，同型

$$\varphi : (\mathfrak{X}_1, x) \xrightarrow{\sim} (\mathfrak{X}_2, x)$$

であって，次の可換図式を満たすものがあるときをいう．

$$
\begin{array}{ccc}
& (X,x) & \\
{}^{i_1}\swarrow & & \searrow^{i_2} \\
(\mathfrak{X}_1,x) & \xrightarrow[\varphi]{\sim} & (\mathfrak{X}_2,x) \\
{}_{\pi_1}\searrow & & \swarrow_{\pi_2} \\
& (S,s) &
\end{array}
$$

また (X,x) の変形 $\pi:(\mathfrak{X},x) \longrightarrow (S,s)$ と

$$\varphi:(T,t) \longrightarrow (S,s)$$

に対して，φ による π の引き戻し

$$\pi_T : \mathfrak{X} \times_S T \longrightarrow T$$

は再び (X,x) の変形となる.

$$
\begin{array}{ccc}
\mathfrak{X} \times_S T & \longrightarrow & \mathfrak{X} \\
\downarrow & & \downarrow \\
T & \xrightarrow[\varphi]{} & S
\end{array}
$$

数ある変形の中で，次のような，ある種の普遍性をもったものがある.

定義 3.5.3 次の条件を満たす (X,x) の変形 $\pi : (\mathfrak{X},x) \longrightarrow (S,s)$ を半普遍変形という.

(1) (X,x) の任意の変形 $\pi' : (\mathfrak{X}',x) \longrightarrow (T,t)$ に対して射 $\varphi:(T,t) \longrightarrow (S,s)$ があって

$$\mathfrak{X}' \simeq \mathfrak{X} \times_S T$$

(2) t における φ の微分 $d\varphi$ は，π' によって一意的に決まる.

半普遍変形は (X,x) の変形のすべてのファイバーを含んでいる.

定理 3.5.4 ([14],[50]) x が孤立特異点の場合，解析空間の芽 (X,x) の半普遍変形が存在する.

3.5 クライン特異点の半普遍変形

クライン特異点は孤立特異点なので半普遍変形が存在するが，クライン特異点は超曲面特異点でもあるので，半普遍変形を簡単に記述することができる．

$f(x) \in \mathbf{C}[x, y, z]$ を 3 変数複素係数多項式とする．

$$X = \{(x, y, z) \in \mathbf{C}^3 \mid f(x, y, z) = 0\} \subset \mathbf{C}^3$$

が原点で孤立特異点をもつとする．

$$T^1 = \mathbf{C}[x, y, z] \Big/ \left(f, \frac{\partial f}{\partial x}, \frac{\partial f}{\partial y}, \frac{\partial f}{\partial z}\right)$$

は有限次元複素ベクトル空間になる．ただし右辺の $(f, \partial f/\partial x, \partial f/\partial y, \partial f/\partial z)$ は $f, \partial f/\partial x, \partial f/\partial y, \partial f/\partial z$ で生成されたイデアルを表す．T^1 の基底の代表を $u_1, \cdots, u_l$ とする．このとき

定理 3.5.5 ([27])

$$\mathfrak{X} = \{((x, y, z), (a_1, \cdots, a_l)) \in \mathbf{C}^3 \times \mathbf{C}^l \mid f(x, y, z) + \sum_{i=1}^{l} a_i u_i(x, y, z) = 0\}$$
(3.10)

とすると，$((x, y, z), (a_1, \cdots, a_l)) \mapsto (a_1, \cdots, a_l)$ で与えられる射影

$$\pi : \mathfrak{X} \longrightarrow \mathbf{C}^l$$

が $(X, 0)$ の半普遍変形を与える．

例 3.5.6 (1) $f = x^n + yz$ とする．これは A_{n-1} 型のクライン特異点であった．

$$T^1 = \mathbf{C}[x, y, z]/(x^{n-1}, y, z) = \mathbf{C}[x]/(x^{n-1})$$

の基底の代表として

$$\{1, x, \cdots, x^{n-2}\}$$

がとれる．

$$\mathfrak{X} = \{(x,y,z,a_2,\cdots,a_n) \in \mathbf{C}^3 \times \mathbf{C}^{n-1} \mid yz + x^n + \sum_{i=0}^{n-2} a_{n-i}x^i = 0\}$$

$$S = \mathbf{C}^{n-1} = \{t = (a_2,\cdots,a_n) \in \mathbf{C}^{n-1}\}$$

として $(x,y,z,t) \mapsto t$ で与えられる $\mathfrak{X}$ からの射影

$$\pi : \mathfrak{X} \longrightarrow S$$

が半普遍変形を与える.

例えば $n=2$ のときは,

$$\mathfrak{X} = \{(x,y,z,a) \in \mathbf{C}^4 \mid yz + x^2 + a = 0\}$$

なので

$$X = \pi^{-1}(O) : yz + x^2 = 0$$
$$X_a = \pi^{-1}(a) : yz + x^2 + a = 0 \qquad (a \neq 0)$$

である (図 3.10).

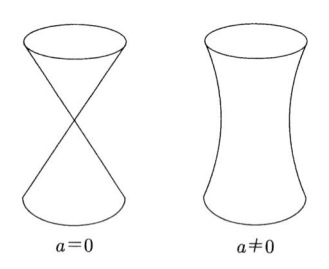

図 3.10 A_1 型クライン特異点の変形

次に

$$g(x,t) = x^n + a_2 x^{n-2} + \cdots + a_n$$

とおいて $g(x,t)=0$ を x の方程式と見て, その解を $h_i \, (1 \leq i \leq n)$ とする

3.5 クライン特異点の半普遍変形

$$g(x,t) = \prod_{i=1}^{n}(x - h_i), \quad \sum_{i=1}^{n} h_i = 0$$

I_i を i 次の基本対称式すれば

$$a_i = I_i(h_1, \cdots, h_n)$$

と書ける．ここで A_{n-1} 型のルート系を思いだそう (3.3 節参照)．Φ をユークリッド空間 V の A_{n-1} 型ルート系とする．V を $\mathbf{C}$ に係数拡大したものは

$$\mathfrak{H} = \{h = (h_1, \cdots, h_n) \in \mathbf{C}^n \mid \sum_{i=1}^{n} h_i = 0\}$$

と同一視できる．

$$\mathfrak{H} = V \otimes_{\mathbf{R}} \mathbf{C}$$

Φ のワイル群 W は n 次対称群と同型で，W は V の座標の入れ替えとして作用していた．W の作用を $\mathfrak{H}$ に拡張する．$\mathfrak{H}$ 上の多項式環 $\mathbf{C}[\mathfrak{H}]$ に W を作用させたとき，不変式環は基本対称式 $I_2, I_3, \cdots, I_n$ で生成された多項式環になる．なぜなら対称式は基本対称式の多項式として書けるからである．したがって命題 2.1.1 の証明と同様にして，写像

$$\varphi : \mathfrak{H} \longrightarrow S, \quad h \mapsto (I_2(h), \cdots, I_n(h))$$

を通じて，軌道空間 $\mathfrak{H}/W$ と S は同型になる．

$$\mathfrak{H}/W \simeq S$$

このように $\widetilde{\Gamma}$ が巡回群のとき，クライン特異点の半普遍変形の底空間 S は A_{n-1} 型のルート系と関連していることは注目に値する．実際このような対応は他のクライン特異点でも成り立つことが次章で示される．ここではもう少し A_{n-1} の場合を詳しく見てみよう．

射影 $\pi : \mathfrak{X} \to S$ のファイバーについて，次が成り立つことが簡単な計算でわかる．

$\pi^{-1}(t)$ が特異点をもつ $\iff g(x,t)=0$ が重根をもつ

$$D = \{t \in S \mid \pi^{-1}(t) \text{ は特異点をもつ}\}$$

とおく.

$$\varphi^{-1}(D) = \{h \in (h_1, \cdots, h_n) \in \mathfrak{H} \mid h_i = h_j, \exists i, \exists j, \ i \neq j\}$$
$$= \bigcup_{1 \leq i < j \leq n} H_{ij}$$
$$H_{ij} = \{h = (h_1, \cdots, h_n) \in \mathfrak{H} \mid h_i = h_j\}$$
$$= \text{互換} (ij) \text{ の固定点集合}$$

となっている. では $t \in D$ のときファイバー $\pi^{-1}(t)$ はどのような特異点をもっているだろうか.

$$g(x,t) = \prod_{i=1}^{r}(x-h_i)^{m_i}, \quad h_1, \cdots, h_r \text{は相異なる}$$

とする. $x - h_i = y = z = 0$ の近傍では $x - h_j \neq 0 \, (j \neq i)$ なので, 新たな座標

$$\xi = (x - h_i)\left(\prod_{j=1, j \neq i}^{r}(x-h_j)^{m_j}\right)^{1/m_i}$$

をとれば, 曲面 $\pi^{-1}(t)$ は局所的に

$$\xi^{m_i} + yz = 0$$

と書ける. したがってファイバー $\pi^{-1}(t)$ は A_{m_i-1} 型のクライン特異点をもつことがわかる.

このように D 上のファイバーは, n の分割, すなわち和が n の自然数の組 $(m_1, \cdots, m_r), m_1 + \cdots + m_r = n$, に対応して A_{m_i-1} 型のクライン特異点をもつ.

3.5 クライン特異点の半普遍変形   101

$t \in T - D$ の場合，ファイバーはどのようなものだろうか．$\pi^{-1}(t)$ は特異点はもたないが，この中間ホモロジーにルート系が現れるのである．このことについては 3.5.3 項で説明する．

(2) $\widetilde{\Gamma}$ が位数 $2n$ の 2 項正 2 面体群 $\widetilde{\mathcal{D}}_n$ のとき

$$X = \{(x, y, z) \in \mathbf{C}^3 \mid f(x, y, z) = 0\} \simeq \mathbf{C}^2/\widetilde{\Gamma}$$
$$f(x, y, z) = z^2 + x(y^2 - x^n)$$

は原点に孤立特異点をもっていた．

$$\mathbf{C}[x, y, z] \Big/ \left(f, \frac{\partial f}{\partial x}, \frac{\partial f}{\partial y}, \frac{\partial f}{\partial z}\right)$$

の基底の代表として

$$\{1, y, x, x^2, \cdots, x^n\}$$

がとれるので，

$$\mathfrak{X} = \left\{(x, y, z, a_1, \cdots, a_{n+2}) \in \mathbf{C}^3 \times \mathbf{C}^{n+2} \,\middle|\, \begin{array}{l} z^2 + x(y^2 - x^n) - \sum_{i=1}^n a_i x^{n+1-i} \\ +2a_{n+1}y - a_{n+2} = 0 \end{array}\right\}$$

$$S = \mathbf{C}^{n+2} = \{t = (a_1, \cdots, a_{n+2}) \in \mathbf{C}^{n+2}\}$$

とする．このとき $(x, y, z, t) \mapsto t$ で与えられる $\mathfrak{X}$ からの射影

$$\pi : \mathfrak{X} \longrightarrow S$$

が半普遍変形を与える．

(3) $\widetilde{\Gamma} = \widetilde{\mathcal{T}}, \widetilde{\mathcal{O}}, \widetilde{\mathcal{I}}$ のとき，半普遍変形はそれぞれ

$\widetilde{\mathcal{T}}(E_6) : F = x^4 + y^3 + z^2 + a_1 x^2 y + a_2 xy + a_3 x^2 + a_4 y + a_5 x + a_6$

$\widetilde{\mathcal{O}}(E_7) : F = x^3 y + y^3 + z^2 + a_1 x^4 + a_2 x^3 + a_3 xy + a_4 x^2 + a_5 y + a_6 x + a_7$

$\widetilde{\mathcal{I}}(E_8) : F = x^5 + y^3 + z^2 + a_1 x^3 y + a_2 x^2 y + a_3 x^3 + a_4 xy + a_5 x^2 + a_6 y$
$\qquad + a_7 x + a_8$

で与えられる．

3.5.2 半普遍変形の重み

クライン特異点の半普遍変形は，1つの多項式 F の零点として与えられた (3.5.1項)．この多項式 F は重み付き同次多項式になっていて，その重みが第4章で扱うリー環とのつながりをつけている．

定義 3.5.7 多項式 $F(z_1, \cdots, z_n)$ が重み $(w_1, \cdots, w_n)$ ($w_i \geq 0$, w_i は正の整数) をもつ，次数 d の重み付き同次多項式であるとは，F が

$$w_1 i_1 + \cdots + w_n i_n = d$$

を満たす単項式 $z_1^{i_1} \cdots z_n^{i_n}$ の線形和になっているときをいう．$(d; w_1, \cdots, w_n)$ を F の型とよぶことにしよう．

F が $(d; w_1, \cdots, w_n)$ 型の重み付き同次多項式ならば

$$F(t^{w_1} z_1, \cdots, t^{w_n} z_n) = t^d F(z_1, \cdots, z_n)$$

が成り立つ．クライン特異点の半普遍変形を与える多項式の重みを書いておこう．半普遍変形の式 (例 3.5.6 参照)

$$f(x,y,z) + \sum_{i=1}^{l} a_i u_i(x,y,z)$$

において x, y, z の重みをそれぞれ w_1, w_2, w_3 とし，a_i の重みを δ_i で表す．

変数	x	y	z	a_1	$\cdots$	a_l
重み	w_1	w_2	w_3	δ_1	$\cdots$	δ_l

命題 3.5.8 クライン特異点の半普遍変形を与える多項式の重みは次の表 3.5 で与えられる．

ただし F は次のように与えられているとする．

3.5 クライン特異点の半普遍変形

表 3.5 半普遍変形の重み

$\widetilde{\Gamma}$	型	w_1	w_2	w_3	δ_1	δ_2	$\cdots$	δ_{l-1}	δ_l	d	l
$\mathcal{C}_n$	A_{n-1}	2	n	n	4	6	$\cdots$	$2(n-1)$	$2n$	$2n$	$n-1$
$\widetilde{\mathcal{D}}_n$	D_{n+2}	4	$2n$	$2(n+1)$	4	8	$12,\cdots,4n$	$2(n+2)$	$4(n+1)$	$4(n+1)$	$n+2$
$\widetilde{\mathcal{T}}$	E_6	6	8	12	4	10	12, 16	18	24	24	6
$\widetilde{\mathcal{O}}$	E_7	8	12	18	4	12	16, 20, 24	28	36	36	7
$\widetilde{\mathcal{I}}$	E_8	12	20	30	4	16	24,28,36, 40	48	60	60	8

$$A_{n-1}: F = x^n + yz + a_1 x^{n-2} + \cdots + a_{n-1}$$
$$D_{n+2}: F = x^{n+1} + xy^2 + z^2 + a_1 x^n + a_2 x^{n-1} + \cdots + a_{n+2} + 2a_{n+1} y$$
$$E_6: F = x^4 + y^3 + z^2 + a_1 x^2 y + a_2 xy + a_3 x^2 + a_4 y + a_5 x + a_6$$
$$E_7: F = x^3 y + y^3 + z^2 + a_1 x^4 + a_2 x^3 + a_3 xy + a_4 x^2 + a_5 y + a_6 x + a_7$$
$$E_8: F = x^5 + y^3 + z^2 + a_1 x^3 y + a_2 x^2 y + a_3 x^3 + a_4 xy + a_5 x^2 + a_6 y$$
$$+ a_7 x + a_8$$

F の重みによって半普遍変形への $\mathbf{C}^\times = \mathbf{C} - \{0\}$ の作用が定義できる.

命題 3.5.9 重み付き同次多項式で定義されたアフィン代数多様体

$$\mathfrak{X}: F = 0$$

には, 次のように重みから決まる $\mathbf{C}^\times$ の作用が定義される.

$$(x, y, z, a_1, \cdots, a_l) \mapsto (t^{w_1} x, t^{w_2} y, t^{w_3} z, t^{\delta_1} a_1, \cdots, t^{\delta_l} a_l), \quad t \in \mathbf{C}^\times$$

定義 3.5.10 命題 3.5.9 で与えられた (w_i, δ_i) を, $\mathbf{C}^\times$ 作用の重みという.

定義 3.5.11 クライン特異点の半普遍変形

$$\pi: \mathfrak{X} \longrightarrow S$$

には $\mathbf{C}^\times$ の作用がある. $\mathfrak{X}$ へは重み $(w_1, w_2, w_3, \delta_1, \cdots, \delta_l)$ で, S へは重み $(\delta_1, \cdots, \delta_l)$ で作用していて, この作用は π と可換である. このとき π は重み

$$(\delta_1, \cdots, \delta_l; w_1, w_2, w_3, \delta_1, \delta_2, \cdots, \delta_l)$$

の $\mathbf{C}^\times$ 写像であるということにする.

3.5.3 ミルナー格子とルート系

クライン特異点の特徴の1つは，半普遍変形の同時特異点解消が存在することである．すなわち

定理 3.5.12 ([5], [6], [51]) クライン特異点の半普遍変形(3.10)

$$\pi : \mathfrak{X} \longrightarrow S$$

に対して，下図を可換にする代数多様体の射 $\widetilde{\pi}: \widetilde{\mathfrak{X}} \to \widetilde{S}$

$$\begin{array}{ccc} \widetilde{\mathfrak{X}} & \xrightarrow{\Psi} & \mathfrak{X} \\ \widetilde{\pi} \downarrow & & \downarrow \pi \\ \widetilde{S} & \xrightarrow[\psi]{} & S \end{array}$$

であって，次の (1) と (2) を満たすものが存在する．これを特異点の半普遍変形の同時最小特異点解消という．
(1) ψ は有限分岐被覆，
(2) $\widetilde{S}$ の元 $\widetilde{t}$ に対して，$t = \psi(\widetilde{t})$ とすると $\Psi_{\widetilde{t}}: \widetilde{\mathfrak{X}}_{\widetilde{t}} \longrightarrow \mathfrak{X}_t$ は，ファイバー $\mathfrak{X}_t = \pi^{-1}(t)$ の最小特異点解消になる．

この定理の証明は 4.18 節でする．

この定理により半普遍変形の非特異ファイバーとルート系が次のように関係する．

定理 3.5.13 クライン特異点の半普遍変形(3.10)の非特異ファイバーの 2 次元ホモロジー群は，その交叉形式に関して，クライン特異点に対応する型のルート格子と同型になる．

この定理の証明は少々長くなるので，先を急ぐ読者は，次節へ進んでいただきたい．

この定理の重要性は，単に半普遍変形の非特異ファイバーの中間ホモロジーがルート格子を与えるということだけでなく，モノドロミー群としての，ワイル

3.5 クライン特異点の半普遍変形

群の幾何学的実現を与えることである．上記の最小特異点解消の定義において，有限分岐被覆をとる必要があったのは，モノドロミーによる障害を消すためである．本書ではこれ以上話しを広げられないので，このことに関しては，[1] II, 3.6 節, [42] などを参照していただきたい．

以下，この定理の証明の概略を述べる．クライン特異点の半普遍変形は，$\mathbf{C}^{l+3}$ において 1 つの多項式の零点集合として与えられたのであった (定理 3.5.5)．

$\mathbf{C}^{l+3}$ の原点を中心とする半径 ϵ の閉球を B_ϵ, その境界である $2l+5$ 次元球面を ∂B_ϵ と書く．また $\mathfrak{X}$ への $\mathbf{C}^\times$ 作用からひき起こされる $\mathbf{R}_+ = \{t \in \mathbf{R} | t > 0\}$ の作用を σ と書く．

$$\sigma(t)(z_1, \cdots, z_{l+3}) = (t^{w_1}z_1, \cdots, t^{w_{l+3}}z_{l+3})$$

補題 3.5.14 有限個の ϵ の値を除けば，∂B_ϵ と $X = \pi^{-1}(0)$ とは，$\mathbf{C}^{l+3}$ において横断的に交わる．言い換えれば，$X - \{0\}$ を実多様体とみて，$\mathbf{C}^{l+3} = \mathbf{R}^{2(l+3)}$ 上の多項式関数

$$r(x) = \|x\|^2$$

を $X - \{O\}$ に制限したものを r_X とするとき，r_X の臨界値は有限個である．

証明 $m = 2(l+3)$ とする．$\mathbf{C}^{l+3} = \mathbf{R}^m$ の座標を $x_1, \cdots, x_m$ とし，X が，$x_1, \cdots, x_m$ の n 個の多項式 $f_1 = \cdots = f_n = 0$ で定義されているとする (X は $l+1$ 個の複素多項式の共通零点であった)．$X' = X - \{O\}$ の点 x の近傍における $\mathbf{R}^m$ の実解析的な局所座標 $y_1, \cdots, y_m$ であって，x の近傍において X' が

$$y_1 = \cdots = y_{2l+2} = 0$$

で定義されるものをとる．$y_{2l+3}, \cdots, y_{2l+6}$ が X' の局所座標であり，X' 上では，

$$\frac{\partial f_i}{\partial y_j} = 0, \quad j \geq 2l+3$$

が成り立つ．ヤコビ行列 $(\partial f_i / \partial y_j)$ は，x において階数 $2l+2$ をもつので，行列

$$\begin{bmatrix} \dfrac{\partial r}{\partial y_1} & \cdots & \dfrac{\partial r}{\partial y_m} \\ \dfrac{\partial f_1}{\partial y_1} & \cdots & \dfrac{\partial f_1}{\partial y_m} \\ \dfrac{\partial f_n}{\partial y_1} & \cdots & \dfrac{\partial f_n}{\partial y_m} \end{bmatrix}$$

が階数 $2l+2$ となることと,

$$\frac{\partial r}{\partial y_{2l+3}} = \cdots = \frac{\partial r}{\partial y_{2l+6}} = 0$$

であることとは同値である.これは同時に,$\partial B_\epsilon \cap \mathfrak{X}$ と X とが,x において横断的に交わらないこととも同値であり,x が r_X の臨界点であることとも同値である.

一方,

$$\frac{\partial g}{\partial x_j} = \sum_k \frac{\partial g}{\partial y_k}\frac{\partial y_k}{\partial x_j}$$

なので上の行列の階数は

$$\begin{bmatrix} \dfrac{\partial r}{\partial x_1} & \cdots & \dfrac{\partial r}{\partial x_m} \\ \dfrac{\partial f_1}{\partial x_1} & \cdots & \dfrac{\partial f_1}{\partial x_m} \\ & & \\ \dfrac{\partial f_n}{\partial x_1} & \cdots & \dfrac{\partial f_n}{\partial x_m} \end{bmatrix}$$

の階数と等しい.つまりこの行列の階数が $2l+2$ に等しいという条件が臨界点の条件となる.したがって r_X の臨界点の集合 C は,X' と代数的集合の共通部分になるので,有限個の既約な $\mathbf{C}^\infty$ 多様体の和となる.

$$C = C_1 \cup \cdots \cup C_s$$

C_i 上の点はすべて $r|_{C_i}$ の臨界点なので $r|_{C_i}$ は C_i 上定数関数となる.よって r_X の臨界値は有限個となる. 証明終

以下,ϵ として,$B_{\epsilon'}(\epsilon' \geq \epsilon)$ と X が横断的に交わるようにとっておく.

補題 3.5.15 $\mathfrak{X}$ の点 $x \neq O$ に対して,次の条件を満たす正の実数 $a \in \mathbf{R}_+$ がただ1つ定まる.

$$\sigma(a^{-1})(x) \in \partial B_\epsilon \cap \mathfrak{X}$$

点 x に,この値 a を対応させる関数 ν は $\mathfrak{X} - \{O\}$ 上の $\mathbf{C}^\infty$ 関数になる.

証明 $\mathbf{C}^{l+3} = \mathbf{R}^m$ の座標を $x_1, \cdots, x_m$ とする.

$$\sigma(a^{-1})(x_1, \cdots, x_m) = (a^{-w_1}x_1, a^{-w_1}x_2, a^{-w_2}x_3, a^{-w_2}x_4, \cdots)$$

である. $x = (x_1, \cdots, x_m)$ とするとき,

$$\frac{x_1^2}{a^{2w_1}} + \frac{x_2^2}{a^{2w_1}} + \frac{x_3^2}{a^{2w_2}} + \cdots + \frac{x_m^2}{a^{2w_{l+3}}} = \epsilon^2$$

を満たす正の実数 a がただ1つ定まることを示せばよい. 話を簡単にするため

$$w_1 \geq w_2 \geq \cdots \geq w_{l+3}$$

としておくと, この式は

$$\epsilon^2 a^{2w_1} - x_m^2 a^{2(w_1 - w_{l+3})} - \cdots - (x_1^2 + x_2^2) = 0 \qquad (3.11)$$

となる. 一般に, 方程式

$$G(t) = c_n t^n - c_{n-1} t^{n-1} - \cdots - c_0 = 0, \quad c_i \geq 0, \quad c_n, c_0 > 0$$

は正の実数解をただ1つもつ (この証明は読者にお任せする). したがって式(3.11)の解が正の実数の範囲で, ただ1つ存在することがわかる. さらに $G(t) = G'(t) = 0$ とはならないこともわかるので, 陰関数の定理より, a を対応させる関数が $\mathbf{C}^\infty$ であることがわかる. 証明終

補題 3.5.16 ∂B_ϵ の内部と X との共通部分を $X_{<\epsilon} = X \cap (B_\epsilon - \partial B_\epsilon)$ とすると, X と $X_{<\epsilon}$ は微分同相となる (図 3.11).

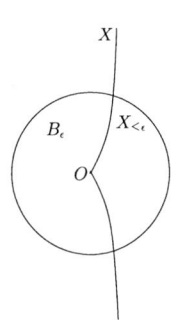

図 3.11

証明 補題 3.5.15 で定まる関数を ν とする. $x \in X - \{O\}$ に対して $\nu(x)$ を対応させることによって, x の $\mathbf{R}_+$ 軌道 $\sigma(\mathbf{R}_+)x$ と $\mathbf{R}_+$ とは1対1対応する.

よって
$$\varphi : X \longrightarrow X_{<\epsilon}$$
を
$$\varphi(x) = \sigma\left(\frac{\nu(x)}{\nu(x)+1}\right)(x), \quad \varphi(O) = O$$
と定めれば，φ は微分同相写像となる． 証明終

$X \cap \partial B_\epsilon$ はコンパクトなので，補題 3.5.14 と，その証明により，$S = \mathbf{C}^l$ の原点の近傍 U と ϵ を適当にとれば，ファイバー $\pi^{-1}(t)$ $(t \in U)$ と ∂B_ϵ とが横断的に交わるようにできる．そこで
$$\mathfrak{Y} = \pi^{-1}(U) \cap B_\epsilon$$
とし，π をそこへ制限したファイブレーション
$$\pi_\epsilon : \mathfrak{Y} \longrightarrow U$$
を考えよう (図 3.12).

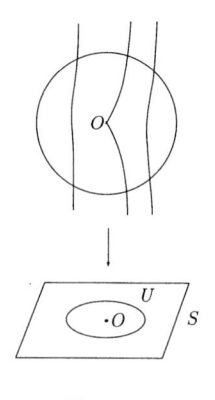

図 3.12

クライン特異点の場合，π_ϵ は非特異なファイバーをもつ．これについて次が成り立つ．

命題 3.5.17 π_ϵ の非特異ファイバーの内部 $\pi_\epsilon^{-1}(t) - \partial \pi_\epsilon^{-1}(t)$ は X の最小特異点解消 $\widetilde{X}$ と微分同相となる．

3.5 クライン特異点の半普遍変形

証明 $\mathfrak{X}$ には同時最小特異点解消があったので (定理 3.5.12), $\mathfrak{Y}$ も同時最小特異点解消

$$\widetilde{\pi}_\epsilon : \widetilde{\mathfrak{Y}} \longrightarrow U$$

をもつ. 次のエーレスマンの束定理により

$$\widetilde{\mathfrak{Y}} - \partial \widetilde{\mathfrak{Y}} \longrightarrow U$$

は局所自明なファイブレーションになる. 一方, 補題 3.5.16 によって, $X \cap (B_\epsilon - \partial B_\epsilon)$ と X とは微分同相であり, X は原点にのみ孤立特異点をもっていたので,

$$\widetilde{X} \simeq \widetilde{\pi}_\epsilon^{-1}(0) - \partial \widetilde{\pi}_\epsilon^{-1}(0) \simeq \widetilde{\pi}_\epsilon^{-1}(t) - \partial \widetilde{\pi}_\epsilon^{-1}(t) \simeq \pi_\epsilon^{-1}(t) - \partial \pi_\epsilon^{-1}(t) \quad \text{(微分同相)}$$

が得られる. 証明終

定理 3.5.18 (エーレスマンの束定理)
 境界付き C^∞ 多様体 E から C^∞ 多様体 B への固有 C^∞ 写像 $f : E \to B$ が, $\mathrm{rank}(f) = \dim B$ を満たすとする. このとき f は, E とその境界 ∂E の局所自明なファイブレーションを与える. すなわち B の任意の点 b に対して, b の近傍 U と, f のファイバーを保つ微分同相写像

$$(f^{-1}(b) \times U, (f^{-1}(b) \cap \partial E) \times U) \simeq (f^{-1}(U), f^{-1}(U) \cap \partial E)$$

が存在する.

補題 3.5.19 $t \in S = \mathbf{C}^{l+3}$ に対して, $a \in \mathbf{R}_+$ であって $\sigma(a)(U) \ni t$ となるものがある. a_0 をそのような値とすると, $X_t = \pi^{-1}(t)$ と $X_t^\circ = X_t \cap \sigma(a_0)(\mathfrak{Y} \cap (B_\epsilon - \partial B_\epsilon))$ とは微分同相となる.

証明

$$\mathfrak{W}_a = \sigma(a)(\mathfrak{Y}), \quad a \in \mathbf{R}_+$$
$$\partial \mathfrak{W}_a = \sigma(a)(\mathfrak{Y} \cap \partial B_\epsilon)$$

とする (図 3.13). $X_t^* = X_t - X_t^\circ = X_t - (\mathfrak{W}_{a_0} - \partial \mathfrak{W}_{a_0})$ の点 x に対して, 補題 3.5.15 で定まる $\mathbf{C}^\infty$ 関数を ν とする.

$$\nu : X_t^* \longrightarrow \mathbf{R}_+$$

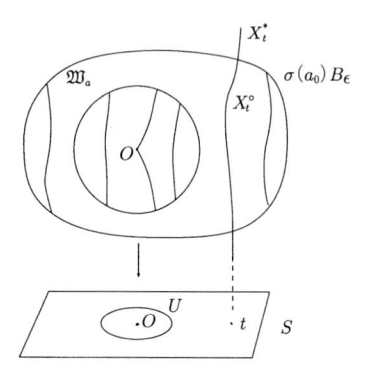

図 3.13

$\mathfrak{Y}$ の定義より,X_t と $\partial \mathfrak{W}_a$ とは横断的に交わるので,ϵ のとり方より,ν は X_t^* 上で臨界点をもたない.そこでこの関数を使って

$$X_t^* \simeq \nu^{-1}(a_0) \times [a_0, \infty) \qquad (\text{微分同相})$$

であることを示そう.

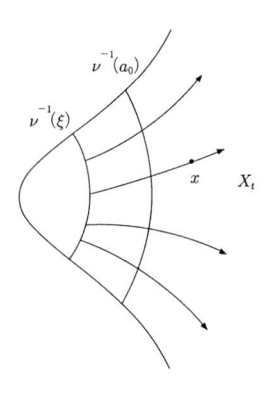

図 3.14

$$\mathrm{grad}\nu = \left(\frac{\partial \nu}{\partial x_1}, \cdots, \frac{\partial \nu}{\partial x_m} \right)$$

を X_t^* 上の勾配ベクトル場とする.ν は X_t^* 上で臨界点をもたないので (補題 3.5.14),$\mathrm{grad}\nu \neq 0$ である.このとき X_t^* 上の曲線 $c: \mathbf{R} \longrightarrow X_t^*$ に対して,ν の $dc/d\lambda$ 方向の微分は,

3.5 クライン特異点の半普遍変形

$$\frac{d(\nu \circ c)}{d\lambda} = \left(\frac{dc}{d\lambda}, \mathrm{grad}\nu\right) \qquad (3.12)$$

で与えられる．ただし (,) は通常の内積である．

さて X_t^* 上のベクトル場 V を

$$V = \frac{\mathrm{grad}\nu}{(\mathrm{grad}\nu, \mathrm{grad}\nu)}$$

で与えよう．点 $x \in X_t^*$ を初期値とする積分曲線を $c(\lambda)$ とすると，

$$c'(\lambda) = V_{c(\lambda)}$$

なので，式(3.12)より

$$\begin{aligned}\frac{d(\nu \circ c)}{d\lambda} &= \left(\frac{dc}{d\lambda}, \mathrm{grad}\nu\right) \\ &= \left(V_{c(\lambda)}, \mathrm{grad}\nu\right) \\ &= \left(\frac{\mathrm{grad}\nu}{(\mathrm{grad}\nu, \mathrm{grad}\nu)}, \mathrm{grad}\nu\right) \\ &= 1\end{aligned}$$

である．よって

$$\nu(c(\lambda)) = \lambda + \nu(x) \qquad (3.13)$$

である ($c(\lambda)$ は x を初期値とする積分曲線であった)．したがって $c(\lambda)$ はプラス方向にいくらでも伸ばしていける．初期値を明らかにするために，$c(\lambda)$ を改めて $c(\lambda, x)$ と書くことにする．写像

$$\varphi_\lambda : X_t^* \longrightarrow X_t^*, \quad \lambda > 0$$

を

$$\varphi_\lambda(x) = c(\lambda, x)$$

と定義すると，微分同相写像

$$X_t^* \simeq \nu^{-1}(a_0) \times [a_0, \infty)$$

が対応

$$x \mapsto (\varphi_{-(a_0-\nu(x))}(x), \nu(x))$$
$$\varphi_\lambda(x) \leftarrow\!\shortmid (x, \lambda)$$

で与えられる.

さて, a_0 より少し小さな値 ξ であって, $\xi \le \lambda \le a_0$ を満たす λ は ν の臨界点でないようなものを1つ固定する. また

$$X_t^{>c} = \{x \in X_t - \mathfrak{W}_\xi \mid \nu(x) > c\}$$

とする. $X_t^{<c}$ も同様に定義する.

$X_t^{>\xi}$ から $X_t^{>\xi} \cap X_t^{<a_0}$ への微分同相写像 ψ であって

$$\psi(x) = x, \quad x \in X_t^{>\xi} \cap X_t^{<(\xi+a_0)/2} \tag{3.14}$$

となるものがあれば, X_t から X_t° への写像 Ψ

$$\Psi = \begin{cases} \psi(x) & (x \in X_t^{>\xi}) \\ x & (x \notin X_t^{>\xi}) \end{cases}$$

は微分同相写像となり, 補題が得られる.

ψ を以下のような関数を使って作ってみよう. まず $\mathbf{R}$ 上の $\mathbf{C}^\infty$ 関数 g と g_1 を次で定義する.

$$g(\lambda) = \begin{cases} \dfrac{a_0-\xi}{4} e^{-1/\lambda^2} & (\lambda > 0) \\ 0 & (\lambda \le 0) \end{cases}$$

$$g_1(\lambda) = g\left(\lambda - \frac{\xi-a_0}{4}\right) g(-\lambda)$$

とすると, 区間 $((\xi-a_0)/4, 0)$ で g_1 は正の値をとり, その外では 0 をとる $\mathbf{C}^\infty$ 関数になる. さらに

$$\hat{g}(\lambda) = \frac{\displaystyle\int_{-\infty}^\lambda g_1 d\lambda}{\displaystyle\int_{-\infty}^\infty g_1 d\lambda} \tag{3.15}$$

とすると, $\hat{g}$ は $\mathbf{C}^\infty$ 関数となり, 区間 $((\xi-a_0)/4, 0)$ 上で $0 < \hat{g}(\lambda) < 1$, $\lambda < (\xi-a_0)/4$ のとき $\hat{g}(\lambda) = 0$, $\lambda > 0$ のとき, $\hat{g}(\lambda) = 1$ となる.

$$h(\lambda) = g(\lambda) + \lambda(1-\hat{g}(\lambda))$$

とおくと，これは単調増加な C^∞ 関数となる．グラフを平行移動して

$$H(\lambda) = h\left(\lambda - \frac{\xi + 3a_0}{4}\right) + \frac{\xi + 3a_0}{4}$$

とすると，この関数は

$$\begin{cases} H(\lambda) = \lambda & \left(\lambda \le \dfrac{\xi + a_0}{2}\right) \\ \dfrac{\xi + a_0}{2} \le H(\lambda) < a_0 & \left(\lambda \ge \dfrac{\xi + a_0}{2}\right) \end{cases}$$

を満たす．

x を初期値とする積分曲線 $c(\lambda, x)$ を使って，ψ を

$$\psi(x) = c(H(\nu(x)) - \nu(x), x)$$

と定義すれば式(3.13)より，$\nu(\psi(x)) = H(\nu(x))$ となり，式(3.14)を満たす．以上より補題がいえた． 証明終

定理 3.5.13 の証明 X_t を非特異なファイバーとする．補題 3.5.19 により，$X_t \simeq X_t^\circ$ であり，X_t° は $\mathfrak{Y} - \partial B_\epsilon$ の非特異なファイバー $\sigma(a_0^{-1})(X_t^\circ)$ と微分同相なので，命題 3.5.17 によって，$\widetilde{X}$ と微分同相である．したがって定理 3.4.1 によって，X_t の中間ホモロジー群は，交叉形式に関してルート格子と同型になる． 証明終

最後にミルナー・ファイバーについて触れておこう．

$$X = \pi^{-1}(O) = \{(x,y,z) \in \mathbf{C}^3 \mid f(x,y,z) = 0\}$$

であった．$\mathbf{C}^3$ の原点を中心とする半径 ϵ の 5 次元球面を S_ϵ とするとき，ϵ を十分小さくとれば，対応 $p \mapsto f(p)/|f(p)|$ によって定義される写像

$$\phi : S_\epsilon - X \cap S_\epsilon \longrightarrow S^1$$

は局所自明なファイバー束となる ([36])．このファイバーをミルナー・ファイバーとよび，その 2 次元ホモロジー群と交叉形式の組をミルナー格子 (lattice) とよぶ．

クライン特異点を定義する多項式 f は，前節で見たように重み付き同次多項式なので，命題 3.5.9 で定義した $\mathbf{C}^\times$ の作用がある．特に $\mathbf{R}_+ = \{x \in \mathbf{R} \mid x > 0\}$

の作用を用いると,

$$f(t^{w_1}x, t^{w_2}y, t^{w_3}z) = t^d f(x,y,z)$$

なので

$$X_{(1)} = \{(x,y,z) \in \mathbf{C}^3 \mid f(x,y,z) = 1\}$$

からミルナー・ファイバー $\phi^{-1}(1)$ への微分同相写像が

$$(x,y,z) \mapsto (t^{w_1}x, t^{w_2}y, t^{w_3}z) \in S_\epsilon, \quad \exists t \in \mathbf{R}_+$$
$$t^{2w_1}|x|^2 + t^{2w_2}|y|^2 + t^{2w_3}|z|^2 = \epsilon^2$$

によって定まる.

$X_{(1)}$ は $\mathfrak{X}$ の非特異ファイバーなので定理 3.5.13 は, 次のように言い換えることができる.

定理 3.5.20 クライン特異点のミルナー格子は, クライン特異点の型に対応する型のルート格子と同型になる.

4

単純リー環とクライン特異点

クラインによる正多面体の群論的な研究に始まって，特異点とその解消，そこに現れるルート系の構造などを前章まで見てきた．この章では，これらがリー環の構造のなかに現れる様子を見てみよう．

リー環はその名のとおり，19世紀後半にリー (Sophus Lie) によって考えられ始めた非可換代数である．リーはクラインとドイツで出会い，幾何学を群でとらえようという立場のクラインから大きな影響を受け，微分方程式の群論的研究へと導かれていったそうである．その結果としてリー環の概念に到達した．その後，多くの人々の研究により，リー環論は大きく発展し，現代数学においてなくてはならない重要な部分を占めるに至っている．クラインが取り上げた正多面体群の研究が，およそ1世紀を経て，リーの考えたリー環の構造のなかに発見されたというのも何かの縁というものであろう．

4.1 単純リー環

まず例から始めよう．$\mathbf{C}$ 上の n 次特殊線形群 $SL(n, \mathbf{C})$ を考えよう．

$$SL(n, \mathbf{C}) = \{ A \in M(n, \mathbf{C}) \mid \det A = 1 \}$$

複素数を成分とする n 次行列全体 $M(n, \mathbf{C})$ をアフィン空間 $\mathbf{C}^{n^2}$ と思い，各成分の座標を x_{ij} $(1 \leq i, j \leq n)$ とする．行列式 $f(x)$ はこれらの座標 $x = (x_{ij})$ の多項式なので，$SL(n, \mathbf{C})$ は $\mathbf{C}^{n^2}$ において

$$f(x) - 1 = 0$$

で定義された超曲面である．この超曲面の単位元 I_n での接空間 T_1 は

$$\sum_{1 \leq i,j \leq n} \frac{\partial f}{\partial x_{ij}}(I_n)(x_{ij} - \delta_{ij}) = 0, \quad \delta_{ij} = \begin{cases} 1 & (i = j) \\ 0 & (i \neq j) \end{cases} \quad (4.1)$$

で与えられる．一方，

$$f(x) = \det((x_{ij})) = \sum_{i=1}^{n} x_{ij}\tilde{X}_{ij}, \quad \tilde{X}_{ij} は x_{ij} の余因子$$

なので

$$\frac{\partial f}{\partial x_{ij}}(I_n) = \begin{cases} 1 & (i=j) \\ 0 & (i \neq j) \end{cases}$$

よって式(4.1)は

$$\sum_{i=1}^{n} x_{ii} - n = 0$$

となる．したがって接空間の元 $X \in M(n, \mathbf{C})$ は $\mathrm{trace}(X) = n$ を満たし，接ベクトル $Y = X - I_n$ は $\mathrm{trace}(Y) = 0$ を満たす．単位元での接ベクトル全体のなす，$\mathbf{C}$ 上のベクトル空間を $sl(n, \mathbf{C})$ と書く．

$$sl(n, \mathbf{C}) = \{Y \in M(n, \mathbf{C}) \mid \mathrm{trace}(Y) = 0\}$$

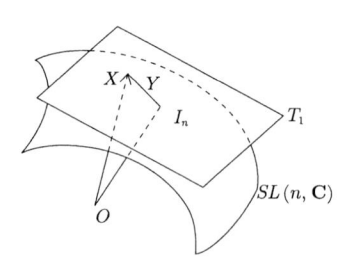

図 4.1 $SL(n, \mathbf{C})$ と $sl(n, \mathbf{C})$

このベクトル空間には群 $SL(n, \mathbf{C})$ の内部自己同型から決まる積が次のようにして入る．$SL(n, \mathbf{C})$ の元 x の定める内部自己同型 $y \mapsto xyx^{-1}$ ($y \in SL(n, \mathbf{C})$) は，単位元での接空間への作用をひき起こす．この作用を $\mathrm{Ad}\,x$ と書こう．この記号は adjoint action (随伴作用) の ad をとったものである．

$$\mathrm{Ad}\, x(Y) = xYx^{-1} \in sl(n, \mathbf{C}), \quad Y \in sl(n, \mathbf{C})$$

$\mathrm{Ad}\, x$ は $T_1 = sl(n, \mathbf{C})$ の線形自己同型なので，群の準同型

$$\mathrm{Ad} : SL(n, \mathbf{C}) \longrightarrow GL(sl(n, \mathbf{C}))$$

が定まる．この写像の，単位元での微分 ad を計算してみよう．

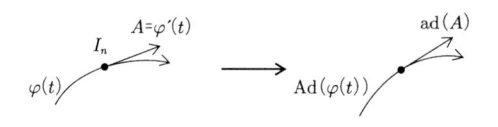

図 4.2

$$\varphi : (-1, 1) \longrightarrow SL(n, \mathbf{C}), \quad \varphi(0) = I_n$$

を単位元 I_n を通る曲線とする (図 4.2)．$A = \varphi'(0) \in sl(n, \mathbf{C})$, $B \in sl(n, \mathbf{C})$ として，Ad の微分をとると，

$$\begin{aligned}
\left.\frac{d(\mathrm{Ad}(\varphi(t))B)}{dt}\right|_{t=0} &= \left.\frac{d(\varphi(t)B\varphi(t)^{-1})}{dt}\right|_{t=0} \\
&= \varphi'(0)B\varphi(0)^{-1} + \varphi(0)B\left.\frac{d(\varphi(t)^{-1})}{dt}\right|_{t=0} \\
&= AB - BA \quad \in sl(n, \mathbf{C})
\end{aligned}$$

ここで最後の等式には，$\varphi(0) = I_n$ および $\varphi(t)\varphi(t)^{-1} = I_n$ なので

$$\varphi'(t)\varphi(t)^{-1} + \varphi(t)(\varphi(t)^{-1})' = 0$$

したがって

$$\left.\frac{d(\varphi(t)^{-1})}{dt}\right|_{t=0} = -\varphi'(0) = -A$$

を使った．よって

$$\mathrm{ad}\, A(B) = AB - BA$$

を得る．この右辺を $[A, B]$ と書き，A と B の括弧積，ブラケット積，リー積などという．

以上をまとめよう．群 $SL(n, \mathbf{C})$ を複素多様体と見て，単位元での接空間 $sl(n, \mathbf{C})$ に群作用から誘導される積 $[A, B] = AB - BA$ を入れた．$sl(n, \mathbf{C})$ に，このような積を入れたものを $SL(n, \mathbf{C})$ のリー環という．$sl(n, \mathbf{C})$ は，単純リー環とよばれるリー環の典型的な例である．

定義 4.1.1 複素多様体 G が群構造をもち，その積と逆元を与える写像

$$G \times G \to G, \quad (x, y) \mapsto xy$$
$$G \to G, \quad x \mapsto x^{-1}$$

がともに正則写像であるとき，G を複素リー群という．

複素リー群 G は自分自身に，内部自己同型として作用する．

$$G \to \mathrm{Aut}(G)$$
$$x \mapsto (y \mapsto xyx^{-1})$$

この作用で単位元 $e \in G$ は固定されるので，この作用の，e での微分をとると，単位元での接空間 $\mathfrak{g} = T_e(G)$ への線形な作用がひき起こされる．

$$\mathrm{Ad} : G \longrightarrow GL(\mathfrak{g})$$

これを G の随伴表現とよぶ．さらにこの写像の単位元での微分をとると，$\mathfrak{g} = T_e(G)$ から $\mathrm{End}(\mathfrak{g})$ への線形写像が得られる ($\mathrm{End}(\mathfrak{g})$ は $\mathfrak{g}$ の線形変換全体)．

$$\mathrm{ad} : \mathfrak{g} \longrightarrow \mathrm{End}(\mathfrak{g})$$

これを $\mathfrak{g}$ の随伴表現という．

$\mathfrak{g}$ の元 x, y に対して x と y の括弧積を

$$[x, y] = \mathrm{ad}(x)(y)$$

と定義すると，この積によって $\mathfrak{g}$ は複素リー環になる．ここで複素リー環とは次のようなものである．

定義 4.1.2 $\mathbf{C}$ 上のベクトル空間 $\mathfrak{g}$ に，次の (1)〜(3) の条件を満たす積

$$\begin{aligned} \mathfrak{g} \times \mathfrak{g} &\longrightarrow \mathfrak{g} \\ (x,y) &\mapsto [x,y] \end{aligned}$$

が与えられているとき，$\mathfrak{g}$ を複素リー環という．
(1) 積 $[x,y]$ は x,y に関して線形．
(2) $[x,y] = -[y,x]$,
(3) $[x,[y,z]] + [y,[z,x]] + [z,[x,y]] = 0$.

最後の (3) をヤコビ恒等式とよぶ．この積は一般に結合的ではない．つまり $[x,[y,z]] = [[x,y],z]$ は一般には成り立たないことに注意．

定義 4.1.3 リー環 $\mathfrak{g}$ が可換であるとは $[x,y] = 0 \, (\forall x, y \in \mathfrak{g})$ が成り立つことである．$\mathfrak{g}$ の部分線形空間 $\mathfrak{a}$ が

$$[x,a] \in \mathfrak{a}, \quad \forall x \in \mathfrak{g}, \quad \forall a \in \mathfrak{a}$$

を満たすとき，$\mathfrak{a}$ を $\mathfrak{g}$ のイデアルという．

$\mathfrak{g}$ が非可換であって，$\{0\}$ と $\mathfrak{g}$ 以外のイデアルがないとき，$\mathfrak{g}$ は単純であるという．リー群 G のリー環 $\mathfrak{g}$ が単純であるとき，G は単純であるという．

以後本章では，特に断らない限り，有限次元の複素単純リー環を扱う．

例 4.1.4 (1) $\mathfrak{g} = sl(n, \mathbf{C}) \, (n \geq 2)$ が単純であることをみよう．$\mathfrak{a}$ を $\mathfrak{g}$ のイデアルとする．(i,j) 成分が 1 で，他の成分は 0 となる行列単位を E_{ij} とすると

$$[E_{ij}, E_{kl}] = E_{ij}E_{kl} - E_{kl}E_{ij} = \begin{cases} E_{il} & (j=k, \, i \neq l) \\ E_{il} - E_{jj} & (j=k, \, i=l) \\ -E_{kj} & (j \neq k, \, i=l) \\ 0 & (j \neq k, \, i \neq l) \end{cases}$$

である. $\mathfrak{a}$ の元 $X \neq 0$ をとり, 適当に行列単位と括弧積をとっていくと, 上の規則から E_{1n} が $\mathfrak{a}$ の元であることがわかる. $E_{1n} \in \mathfrak{a}$ から再び適当に行列単位と括弧積をとることによって $\mathfrak{a} = \mathfrak{g}$ であることがわかる. したがって $sl(n, \mathbf{C})\, (n \leq 2)$ は単純リー環である.

(2) $sl(n, \mathbf{C})$ のほかに, 特殊複素直交群

$$SO(n, \mathbf{C}) = \{X \in SL(n, \mathbf{C}) \mid X^t X = I_n\}$$

と, そのリー環

$$so(n, \mathbf{C}) = \{X \in sl(n, \mathbf{C}) \mid X + {}^t X = O\}$$

複素シンプレクティック群

$$Sp(2n, \mathbf{C}) = \{X \in GL(2n, \mathbf{C}) \mid {}^t X J X = J\}, \quad J = \begin{bmatrix} 0 & I_n \\ -I_n & 0 \end{bmatrix}$$

と, そのリー環

$$sp(2n, \mathbf{C}) = \{X \in M(2n, \mathbf{C}) \mid {}^t X J + J X = 0\}$$

も単純である.

4.2 $sl(n, \mathbf{C})$

単純リー環のなかで最も典型的な例が $sl(n, \mathbf{C})$ である. 以後の議論では, 例としてこの $sl(n, \mathbf{C})$ を念頭において読むと理解しやすい.

$\mathfrak{g} = sl(n, \mathbf{C})$ の可換な部分環 $\mathfrak{h}$ を

$$\mathfrak{h} = \{x \in sl(n, \mathbf{C}) \mid x \text{ は対角行列}\}$$

とする. $\dim_{\mathbf{C}} \mathfrak{h} = n - 1$ である.

$\mathfrak{g}$ はその随伴表現によって $\mathfrak{g}$ 加群と思える.

$$[\mathfrak{g}, \mathfrak{g}] \subset \mathfrak{g}$$

したがって $\mathfrak{g}$ は $\mathfrak{h}$ 加群になる.

$$[\mathfrak{h}, \mathfrak{g}] \subset \mathfrak{g}$$

($\mathfrak{g}$ の部分集合 $\mathfrak{a}, \mathfrak{b}$ に対して, $[a, b]$ ($a \in \mathfrak{a}, b \in \mathfrak{b}$) で張られる $\mathfrak{g}$ の部分空間を $[\mathfrak{a}, \mathfrak{b}]$ と書く).

$\mathfrak{h}$ の元

$$h = \begin{bmatrix} h_1 & & 0 \\ & \ddots & \\ 0 & & h_n \end{bmatrix}$$

に対して

$$[h, E_{ij}] = (h_i - h_j) E_{ij} \qquad (i \neq j) \tag{4.2}$$

なので, 1次元部分空間 $\mathbf{C} E_{ij}$ ($i \neq j$) は $\mathfrak{h}$ 加群となり, $\mathfrak{g}$ はこの $\mathfrak{h}$ 加群によって直和分解される.

$$\mathfrak{g} = \mathfrak{h} \oplus \sum_{i \neq j} \mathbf{C} E_{ij}$$

式(4.2)の右辺の係数の定める線形形式

$$\begin{array}{cccc} \gamma_{ij}: & \mathfrak{h} & \longrightarrow & \mathbf{C} \qquad (i \neq j) \\ & h & \mapsto & h_i - h_j \end{array}$$

を $\mathfrak{g}$ の ($\mathfrak{h}$ に関する) ルートという. これは $\mathfrak{h}$ の双対空間の元である.

$$\gamma_{ij} \in \mathfrak{h}^* = \mathrm{Hom}_{\mathbf{C}}(\mathfrak{h}, \mathbf{C})$$

ルートの集合を Φ と書こう.

$$\Phi = \left\{ \gamma_{ij} \in \mathfrak{h}^* \mid i \neq j \right\}$$

$\alpha_i = \gamma_{i, i+1}$ とすると, 集合

$$\Pi = \{\alpha_1, \cdots, \alpha_{n-1}\}$$

は $\mathfrak{h}^*$ の基底であって, ルート γ_{ij} は

$$\gamma_{ij} = \begin{cases} \alpha_i + \cdots + \alpha_{j-1} & (i < j) \\ -(\alpha_j + \cdots + \alpha_{i-1}) & (i > j) \end{cases}$$

と書ける．つまり Φ の元は，Π の元の非負整数係数の線形結合か，または非正整数係数の線形結合で書ける．前者の集合を Φ^+，後者の集合を Φ^- とし，それぞれの元を正ルート，負ルートとよぶ．

$$\Phi = \Phi^+ \cup \Phi^-$$

Π の元は単純ルートとよばれる．これらの性質が第 3 章で扱ったルート系の性質と同じものであることに気づかれよう．$\mathbf{R}$ 上，Φ の張る線形空間を $\mathfrak{h}_\mathbf{R}^*$ とすると，後で見るように $\mathfrak{g}$ 上に導入されるキリング形式から決まる $\mathfrak{h}_\mathbf{R}^*$ の内積に関して，Φ は第 3 章の意味でのルート系となる．歴史的には，$\mathfrak{h}$ 上のこのような線形形式としてルート系が導入されたのであった．

4.3　半単純元と巾零元

ベクトル空間の線形変換の性質を知る上で，ジョルダン標準形を求めることはたいへん有用である．これに対応することを複素単純リー環 $\mathfrak{g}$ で考察することは，$\mathfrak{g}$ の構造や，$\mathfrak{g}$ の元の性質を知る上で重要である．

ベクトル空間 V の線形変換 A が半単純であるとは，A の任意の不変部分空間 U に対して $V = U \oplus W$ となる A 不変部分空間 W が存在することであった．体が $\mathbf{C}$ であればこの条件は，A が対角化可能，すなわち V の基底として A の固有ベクトルがとれるという条件と同値である．また，A が巾零であるとは，ある自然数 k があって，$A^k = O$ となるときをいうのであった．

これをふまえて $\mathfrak{g}$ の元の半単純性と巾零性を，$\mathfrak{g}$ の随伴表現

$$\mathrm{ad}: \mathfrak{g} \to \mathrm{End}(\mathfrak{g})$$

を用いて次のように定義する．

定義 4.3.1　$\mathfrak{g}$ の元を x とする．$\mathrm{ad}(x)$ が半単純，すなわち対角化可能である

とき x を半単純元という．$\mathrm{ad}(x)$ が巾零であるとき，x を巾零元という．

ここでは，単純リー環の元 x の半単純性 (巾零性) を線形変換 $\mathrm{ad}(x)$ のそれで定義している．しかし $\mathfrak{g}$ の元を何らかのベクトル空間の線形変換として表す方法はいくらでもある．この半単純性 (巾零性) の定義が妥当であるのは，次の定理があるからである．

V を $\mathbf{C}$ 上の有限次元ベクトル空間として，$\mathfrak{g}$ から，V の線形変換のなすリー環 $\mathrm{End}(V)$ ($A, B \in \mathrm{End}(V)$ に対して括弧積を $[A, B] = AB - BA$ で定義して得られるリー環) へのリー環の準同型，すなわち

$$\rho : \mathfrak{g} \to \mathrm{End}(V), \quad \rho([x, y]) = [\rho(x), \rho(y)]$$

を $\mathfrak{g}$ の有限次元表現という．

V の部分空間 U であって $\mathfrak{g}$ の作用で安定なもの，すなわち $\rho(x)U \subset U$ ($x \in \mathfrak{g}$) を満たす U が $\{0\}$ または V に限るとき，表現 ρ は既約であるという．複素単純リー環の $\mathbf{C}$ 上の有限次元表現は既約表現の直和に分解することが知られている．

定理 4.3.2 $\mathfrak{g}$ を複素単純リー環とする．$\mathfrak{g}$ の元 x に対して次は同値である．
(1) x は $\mathfrak{g}$ の半単純元 (巾零元)．
(2) $\mathfrak{g}$ の任意の有限次元表現 $\rho : \mathfrak{g} \to \mathrm{End}(V)$ に対して $\rho(x)$ は $\mathrm{End}(V)$ の元として半単純 (巾零)．
(3) $\mathfrak{g}$ が $\mathrm{End}(V)$ の部分リー環であったとする (例えば $\mathfrak{g} = sl(n, \mathbf{C}) \subset \mathrm{End}(\mathbf{C}^n)$)．このとき x は $\mathrm{End}(V)$ の元として半単純 (巾零)．

例 4.3.3 $sl(2, \mathbf{C})$ の元のジョルダン標準形は

$$\text{(a)} \begin{bmatrix} 0 & 1 \\ 0 & 0 \end{bmatrix}, \quad \text{(b)} \begin{bmatrix} \lambda & 0 \\ 0 & -\lambda \end{bmatrix}$$

のいずれかである．(a) のとき巾零元となり，(b) のときは，$\lambda \neq 0$ なら半単純元，$\lambda = 0$ のときは半単純かつ巾零である．

線形変換のジョルダン分解と同様に，$\mathfrak{g}$ の元 x は半単純元と巾零元の和に分解される．すなわち

$$x = x_s + s_n, \quad [x_s, x_n] = 0, \quad x_s, s_n \in \mathfrak{g}, \quad x_s : \text{半単純元}, \quad x_n : \text{巾零元}$$

これを x のジョルダン分解という．この分解は一意的である．

注意 4.3.4 $sl(n, \mathbf{C})$ の上半 3 角行列 A を

$$A = H + N, \quad H = \text{対角行列}, N = \text{対角成分が } 0 \text{ の上半 3 角行列}$$

と分解したとき，この分解はジョルダン分解とは限らないことに注意．

4.4 ルート空間分解とルート系

この節では，単純リー環とルート系の関係を簡単にまとめておく．

定義 4.4.1 $\mathfrak{g}$ を複素単純リー環とする．$\mathfrak{g}$ の極大可換部分環 $\mathfrak{h}$ であって，$\mathfrak{h}$ の元は半単純，すなわち $\mathrm{ad}(h)\,(h \in \mathfrak{h})$ が対角化可能であるとき，$\mathfrak{h}$ を $\mathfrak{g}$ のカルタン部分環という．

例 4.4.2 $\mathfrak{g} = sl(n, \mathbf{C})$．$\mathfrak{h}$ を対角行列全体のなす部分環とすると，$\mathfrak{h}$ は $\mathfrak{g}$ のカルタン部分環である．

定理 4.4.3 複素単純リー群 G のリー環 $\mathfrak{g}$ はカルタン部分環をもつ．さらにカルタン部分環は G の随伴作用で互いに移りあう．

この定理よりカルタン部分環の ($\mathbf{C}$ 上の) 次元は一定となり，これを G および $\mathfrak{g}$ の階数という．

$\mathfrak{g}$ を複素単純リー環とし，$\mathfrak{h}$ をそのカルタン部分環とする．$\mathfrak{h}$ の元 h は半単純であって，$\mathfrak{h}$ の元は互いに可換なので $\mathrm{ad}(h)\,(h \in \mathfrak{h})$ は同時対角化可能であ

る．したがって，$\mathfrak{g}$ の分解

$$\mathfrak{g} = \mathfrak{h} \oplus \sum_{\alpha} \mathfrak{g}_{\alpha}$$

$$\mathfrak{g}_{\alpha} = \{x \in \mathfrak{g} \mid \mathrm{ad}(h)x = \alpha(h)x, \quad \forall h \in \mathfrak{h}\} \neq \{0\}$$

$$\alpha \in \mathfrak{h}^* = \mathrm{Hom}(\mathfrak{h}, \mathbf{C})$$

が得られる．$\mathfrak{g}_{\alpha}$ をルート空間といい，この分解をルート空間分解またはカルタン分解という．ルート空間分解に現れる元 $\alpha \in \mathfrak{h}^*$ を，$\mathfrak{h}$ に関する $\mathfrak{g}$ のルートとよび，その集合を Φ と書こう．

例 4.4.4 4.2 節で与えた $sl(n, \mathbf{C})$ の分解がルート空間分解である．

随伴表現から決まる $\mathfrak{g}$ 上の対称双 1 次形式

$$\langle x, y \rangle = \mathrm{trace}(\mathrm{ad}(x)\mathrm{ad}(y))$$

は非退化となる．これをキリング形式とよぶ．

例 4.4.5 $\mathfrak{g} = sl(n, \mathbf{C})$ のとき

$$\langle x, y \rangle = 2n\,\mathrm{trace}(xy)$$

キリング形式を $\mathfrak{h}$ 上に制限したものも非退化となり，$\mathfrak{h}$ と $\mathfrak{h}^*$ との間に次のような 1 対 1 対応を与える．

$$\mathfrak{h} \ni h \longleftrightarrow \alpha_h \in \mathfrak{h}^*$$

$$\alpha_h(x) = \langle h, x \rangle, \quad x \in \mathfrak{h}$$

この対応を通じて $\mathfrak{h}^*$ にも非退化な双 1 次形式 $\langle , \rangle$ が入る．

$$\langle \alpha_h, \alpha_{h'} \rangle = \langle h, h' \rangle$$

$\Phi \subset \mathfrak{h}^*$ であった．Φ の元の $\mathbf{R}$ 上の線形結合全体を $\mathfrak{h}^*_{\mathbf{R}}$ と書く．$\mathfrak{h}^*$ に入った双 1 次形式 $\langle , \rangle$ を $\mathfrak{h}^*_{\mathbf{R}}$ に制限すると，これは $\mathfrak{h}^*_{\mathbf{R}}$ 上の正定値内積を定める．この

内積に関して Φ は $\mathfrak{h}_\mathbf{R}^*$ において，第3章で与えたルート系の性質を満たしている．歴史的には，単純リー環の構造の研究から，ルート系はこのように導入された概念である．

$\mathfrak{g}$ のカルタン部分環は G の随伴作用で移りあうので，ルート系は互いに同型である．したがってそのワイル群も同型になる．このように単純リー環 $\mathfrak{g}$ に対してルート系が決まるのであるが，逆にルート系の同型類が単純リー環の同型類も決めてしまうのである．

定理 4.4.6

$$\{\text{複素単純リー環の同型類}\} \xleftrightarrow{1 \text{ 対 } 1} \{\text{既約ルート系の同型類}\}$$

第3章にあげたルート系に対応する複素単純リー環は，A, B, C, D 型に対して

$$\begin{array}{ll} A_l & sl(l+1, \mathbf{C}) \\ B_l & so(2l+1, \mathbf{C}) \\ C_l & sp(2l, \mathbf{C}) \\ D_l & so(2l, \mathbf{C}) \end{array}$$

である (例 4.1.4 参照)．E, F, G 型については簡単に書くことができない．

この定理によると，A, D, E 型のルート系ないしディンキン図形を経由して単純リー環とクライン特異点が対応している．この対応は単純リー環の構造と深く関わるような形での対応として実現することができる．これが本章のテーマである．

4.5　$sl(2, \mathbf{C})$ と A_1 型クライン特異点

単純リー環とクライン特異点の対応を一番簡単な例で見てみよう．ディンキン図形の1つの頂点に対応するのは A_1 型の単純リー環

$$\mathfrak{g} = sl(2, \mathbf{C}) = \left\{ \begin{bmatrix} x & y \\ z & -x \end{bmatrix} \middle| x, y, z \in \mathbf{C} \right\}$$

4.5 $sl(2, \mathbf{C})$ と A_1 型クライン特異点

である. 一方, A_1 型ルート系に対応するクライン特異点は

$$X = \mathbf{C}^2/\mathcal{C}_2 = \{(x, y, z) \in \mathbf{C}^3 \mid x^2 + yz = 0\}$$

であった.

$$A = \begin{bmatrix} x & y \\ z & -x \end{bmatrix} \in \mathfrak{g}$$

とすると, X の定義式は A の行列式である.

$$\det A = -(x^2 + yz) = 0$$

この方程式を満たす行列 $A \in \mathfrak{g}$ はリー環の元としてどのような元なのだろうか.

命題 4.5.1

$$\det A = 0 \Leftrightarrow \mathrm{ad}(A) \text{ が巾零}$$
$$\Leftrightarrow x^2 + yz = 0$$

証明 $\det A = 0$ とする. $\mathrm{trace}(A) = 0$ なので $A^2 = O$ である. したがって

$$\begin{aligned} \mathrm{ad}(A)^3(B) &= [A, [A, [A, B]]] \\ &= [A, [A, AB - BA]] \\ &= [A, -2ABA] \\ &= O \end{aligned}$$

逆に, ある自然数 k に対して $\mathrm{ad}(A)^k = 0$ だったとしよう. $\mathrm{trace}(A) = 0$ だから $A^2 = -\det(A)I_2$. $\det(A) = c$ とすると,

$$\mathrm{ad}(A)^2(B) = -2(cB + ABA) \qquad (4.3)$$
$$\mathrm{ad}(A)^3(B) = -4c\,\mathrm{ad}(A)(B)$$

なので, $\mathrm{ad}(A)$ が巾零であることから $\mathrm{ad}(A)(B) = O$ であるか $\mathrm{ad}(A)^2(B) = O$ ($\forall B \in sl(2, \mathbf{C})$) のいずれかが成り立つ. 仮に $\det A \neq 0$ とすると, 式(4.3)

より,どちらの場合でも $\mathrm{ad}(A)(B) = AB - BA = O$. すなわち A は $sl(2,\mathbf{C})$ のすべての元と可換であらねばならないが,そのような元は $sl(2,\mathbf{C})$ にはないので,$\det A = 0$ でなければならない. **証明終**

例 4.3.3 で見たように $sl(2,\mathbf{C})$ の冪零元全体 $\mathcal{N}$ は $G = GL(2,\mathbf{C})$ の元の共役作用によって

$$G \cdot \begin{bmatrix} 0 & 1 \\ 0 & 0 \end{bmatrix} \cup \begin{bmatrix} 0 & 0 \\ 0 & 0 \end{bmatrix}$$

と軌道分解する.この軌道分解は G として $SL(2,\mathbf{C})$ や,$SL(2,\mathbf{C})$ をその中心で割った群 $PSL(2,\mathbf{C})$ をとっても同じであることに注意してほしい.

命題 4.5.1 によって,$\mathcal{N}$ は,次元が小さい方の軌道である原点において A_1 型クライン特異点をもつことがわかる.つまり $sl(2,\mathbf{C})$ の冪零元 ($\mathrm{ad}(A)$ が冪零な元) 全体が,A_1 型のクライン特異点をもつ曲面になっていることがわかった.さらに注意深くこの例を見ると

$$\det: \mathfrak{g} = sl(2,\mathbf{C}) \longrightarrow \mathbf{C}$$
$$A \mapsto \det A$$

は例 3.5.6 で与えた特異点の半普遍変形そのものであることもわかる.

このように $sl(2,\mathbf{C})$ の場合,冪零元と写像 $\det$ が,対応する特異点と密接に関連する.この例を念頭において,以下これらが A, D, E 型の複素単純リー環 $\mathfrak{g}$ にどのように拡張され,クライン特異点がどのように現れるか見ていこう.

4.6 冪零軌道

$\mathfrak{g}$ をリー環にもつ連結な複素リー群を G とする.G は $\mathfrak{g}$ に随伴作用していた.

$$\mathrm{Ad}: G \longrightarrow GL(\mathfrak{g})$$

この写像の像 $\mathrm{Ad}(G)$ を $\mathfrak{g}$ の随伴群といい,G_{ad} と書くことにしよう.随伴群は,$\mathfrak{g}$ の自己同型群の単位元を含む連結成分と同型である.

一方,$\mathfrak{g}$ をリー環にもつ単連結な複素単純リー群を G_{sc} とする.$\mathfrak{g}$ をリー環

にもつ連結な複素単純リー群は, G_{sc} を, その中心の部分群で割った群に同型となる. G_{sc} の中心は有限群なので, $\mathfrak{g}$ をリー環にもつ連結な複素単純リー群は同型を除いて有限個しかない. G_{sc} を, その中心で割った群が随伴群 G_{ad} である.

随伴作用による軌道を考えるとき, 中心による作用は自明なので, G_{ad} の作用を考えれば十分であることがわかる.

$\mathfrak{g} = sl(n,\mathbf{C})\,(n \geq 2)$ ならば, $G_{sc} = SL(n,\mathbf{C})$ である. $SL(n,\mathbf{C})$ の中心 Z は

$$Z = \left\{ \begin{bmatrix} \zeta & & O \\ & \ddots & \\ O & & \zeta \end{bmatrix} \,\middle|\, \zeta^n = 1 \right\} \simeq \mathbf{Z}/n\mathbf{Z}$$

なので随伴群は $G_{ad} = PSL(n,\mathbf{C}) = SL(n,\mathbf{C})/Z$ である.

$\mathfrak{g}$ の元 x に対して, x を含む G_{ad} 軌道

$$\mathcal{O}_x = \{\mathrm{Ad}(g)x \mid g \in G_{ad}\}$$

を x の随伴軌道または共役類などとよぶ.

$$\mathcal{O}_x \simeq G_{ad}/G_{ad}^x$$
$$G_{ad}^x = \{g \in G_{ad} \mid \mathrm{Ad}(g)x = x\}$$

が成り立つ. G_{ad}^x を x の中心化群とよぶ. そのリー環は

$$\mathfrak{z}_{\mathfrak{g}}(x) = \{y \in \mathfrak{g} \mid [y,x] = 0\}$$

で与えられる. $\mathfrak{z}_{\mathfrak{g}}(x)$ を x の中心化環とよぶ.

さて 2 種類の元を定義しよう. それは正則元 (regular element) とよばれるものと, 副正則元 (subregular element) とよばれるものである.

定義 4.6.1 $\mathfrak{g}$ の階数を l とする. $\mathfrak{g}$ の元 x に対して, $\dim \mathfrak{z}_{\mathfrak{g}}(x) = l$ であるとき x を正則元という. $\dim \mathfrak{z}_{\mathfrak{g}}(x) = l + 2$ であるとき x を副正則元という.

subregular element の訳としては準正則元というのも考えられる．しかしこれだと正則元を含んでいるように誤解される恐れがあるので，数学用語としてはあまり使われていない「副」をつけてみた．あくまでこの本の中だけの用語である．

$\mathfrak{g}$ の巾零元全体のなす (特異点をもった) 代数多様体を巾零多様体といい $\mathcal{N}(\mathfrak{g})$ と書くことにする．これがわれわれが注目するべき多様体である．巾零多様体 $\mathcal{N}(\mathfrak{g})$ には G が随伴作用していて，その軌道に関して次のことがわかっている ([8] 4 章参照)．

定理 4.6.2　(1) $\mathcal{N}(\mathfrak{g})$ の G 軌道は有限個であり，各軌道 $\mathcal{O}$ の次元は偶数で

$$\dim \mathcal{O} \leq \dim \mathfrak{g} - l$$

を満たす．

(2) 正則な巾零元全体は 1 つの G 軌道をなす．これを $\mathcal{O}_{reg}$ と書くことにする．軌道 $\mathcal{O}_{reg}$ は $\mathcal{N}(\mathfrak{g})$ の G 軌道のなかで最大の次元 $\dim \mathfrak{g} - l$ をもつ，ただ 1 つの軌道として特徴づけられる．

(3) 正則巾零元全体のなす軌道 $\mathcal{O}_{reg}$ の補集合は余次元 2 である．$\mathcal{N}(\mathfrak{g}) - \mathcal{O}_{reg}$ は有限個の軌道からなっているが，このうち次元 $\dim \mathfrak{g} - (l+2)$ をもつのものがただ 1 つある．これを $\mathcal{O}_{sreg}$ と書く．

$$\dim \mathcal{O}_{sreg} = \dim \mathfrak{g} - (l+2)$$

定義 4.6.3　$\mathcal{O}_{sreg}$ を副正則巾零軌道 (subregular nilpotent orbit) とよぶことにし，$\mathcal{O}_{sreg}$ の元を副正則巾零元 (subregular nilpotent element) とよぶことにしよう．

例 4.6.4　$\mathfrak{g} = sl(n, \mathbf{C})$ のとき．$x \in \mathcal{N}(\mathfrak{g})$ のジョルダン標準形を

4.6 巾零軌道

$$J = \begin{bmatrix} J_1 & & & \\ & J_2 & & \\ & & \ddots & \\ & & & J_k \end{bmatrix}$$

とすると J は巾零だから

$$J_i = \begin{bmatrix} 0 & 1 & & \\ & \ddots & \ddots & \\ & & \ddots & 1 \\ & & & 0 \end{bmatrix}$$

である．J_i を n_i 次行列とし，$n_1 \geq n_2 \geq \cdots \geq n_k$ とすると，x を含む軌道 $\mathcal{O}_J$ の次元は

$$\dim \mathcal{O}_J = n^2 - \sum_{i=1}^k (2i-1)n_i$$

となる．$(n_1, n_2, \cdots, n_k)$ は n の分割 ($n_i \geq n_{i+1}$ であって $n = \sum_{i=1}^k n_k$) を与えている．このようにして

$$\{sl(n, \mathbf{C}) \text{ の巾零軌道}\} \overset{1 \text{ 対 } 1}{\longleftrightarrow} \{n \text{ の分割}\}$$

という 1 対 1 対応が得られる．この対応において

$$\text{正則巾零元} = \begin{bmatrix} 0 & 1 & & \\ & \ddots & \ddots & \\ & & \ddots & 1 \\ & & & 0 \end{bmatrix} \longleftrightarrow (n)$$

$$\text{副正則巾零元} = \left[\begin{array}{cccc|c} 0 & 1 & & & 0 \\ & \ddots & \ddots & & \\ & & \ddots & 1 & \\ & & & 0 & 0 \\ \hline 0 & & & 0 & 0 \end{array}\right] \longleftrightarrow (n-1, 1)$$

である．

4.7 巾零多様体とクライン特異点

A_1 型のリー環である階数 1 の単純リー環 $sl(2, \mathbf{C})$ と，A_1 型のクライン特異点との関係を思いだそう (4.5 節)．巾零多様体 $\mathcal{N}(sl(2, \mathbf{C}))$ は正則巾零軌道と副正則巾零軌道の 2 つに分かれていた．これは 2 の分割が 2 つしかないことに対応している．

$$\mathcal{N}(sl(2, \mathbf{C})) = \mathcal{O}_{reg} \cup \mathcal{O}_{sreg}$$

曲面 $\mathcal{N}(sl(2, \mathbf{C}))$ の点 $\mathcal{O}_{sreg} = \{O\}$ に A_1 型クライン特異点が現れたのであった (図 4.3)．

$sl(2, \mathbf{C})$ における巾零多様体とクライン特異点のこのような関係は，一般の場合にどのような形で拡張されるであろうか．

$\mathfrak{g}$ の階数が大きくなると，巾零多様体 $\mathcal{N}(\mathfrak{g})$ の次元は 2 より大きくなり，いくつもの巾零軌道に分かれるので，$sl(2, \mathbf{C})$ のように簡単にクライン特異点をもつ曲面を見つけることはできない．しかし以下のようにして，正則巾零軌道と

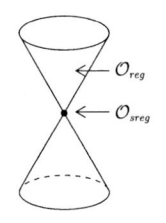

図 4.3 $sl(2,\mathbf{C})$ の巾零軌道

副正則巾零軌道の相対的な位置関係の中にクライン特異点を見いだすことができる.

定義 4.7.1 x を $\mathfrak{g}$ の副正則巾零元とする.$\mathfrak{g}$ の非特異 (局所閉)$l+2$ 次元部分多様体 $\mathcal{S}$ が,x において G 軌道 $G \cdot x$ と横断的に交わるとき,$\mathcal{S}$ を,G 軌道 $G \cdot x$ の x における横断片 (transversal slice) とよぶ.

ここで横断的に交わるとは,x でのそれぞれの接空間が

$$T_x\mathcal{S} + T_x(G \cdot x) = T_x\mathfrak{g}$$

を満たすことである.また G の作用は連続なので,x の近傍の点 $y \in \mathcal{S}$ において $\mathcal{S}$ は $G \cdot y$ と横断的に交わる.

次の定理 ([7]) が本章のメインテーマである.

定理 4.7.2 $\mathfrak{g}$ を A, D, E 型の複素単純リー環とする.$\mathfrak{g}$ の副正則巾零軌道 $\mathcal{O}_{sreg}$ の点 x に対して,$\mathcal{O}_{sreg}$ の横断片 $\mathcal{S}$ をとる.このとき曲面 $\mathcal{S} \cap \mathcal{N}(\mathfrak{g})$ は点 x において $\mathfrak{g}$ と同じ型のクライン特異点をもつ (図 4.4).

4.15 節で述べるように,$\mathcal{S}$ はクライン特異点 $(\mathcal{S} \cap \mathcal{N}(\mathfrak{g}), x)$ の半普遍変形を与えることが示される.以下の節では,この定理の証明を軸として,クライン特異点の幾何学的構造と,単純リー環の構造とのつながりを説明していく.

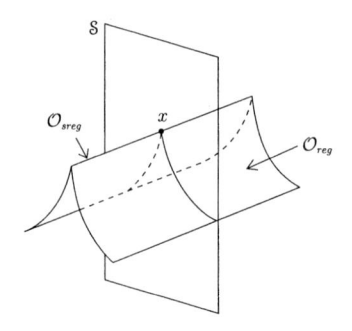

図 4.4 副正則巾零軌道の横断片

4.8 随　伴　商

$sl(2,\mathbf{C})$ の場合には行列式

$$\det : sl(2,\mathbf{C}) \longrightarrow \mathbf{C}$$

が A_1 型クライン特異点の半普遍変形を与えていた (4.5 節). この写像は一般の場合にどのように拡張されるであろうか. det は随伴作用で不変な関数である. 逆に $sl(2,\mathbf{C})$ 上の多項式関数であって $SL(2,\mathbf{C})$ の随伴作用で不変なものは行列式の定数倍しかない.

そこで $\mathfrak{g}$ 上の多項式であって G の随伴作用で不変なものが何かを考えよう. G は随伴作用で $\mathfrak{g}$ に作用しているから $\mathfrak{g}$ 上の多項式にも作用する.

$$(\sigma \cdot f)(x) = f(\mathrm{Ad}(\sigma^{-1})x), \quad f \in \mathbf{C}[\mathfrak{g}], \sigma \in G$$

$\mathfrak{g}$ 上の多項式環 $\mathbf{C}[\mathfrak{g}]$ への G の作用に関して不変な多項式全体のなす環を $\mathbf{C}[\mathfrak{g}]^G$ と書こう.

$\mathfrak{g}$ のカルタン部分環を $\mathfrak{h}$ とし, $\mathfrak{h}$ に関するワイル群を W とする. W は $\mathfrak{h}$ に作用するので, $\mathfrak{h}$ 上の多項式環 $\mathbf{C}[\mathfrak{h}]$ に作用する. その不変式環を $\mathbf{C}[\mathfrak{h}]^W$ と書く.

$\mathfrak{g}$ 上の多項式を $\mathfrak{h}$ に制限することによって, $\mathfrak{h}$ 上の多項式が得られる.

$$\mathrm{res} : \mathbf{C}[\mathfrak{g}] \longrightarrow \mathbf{C}[\mathfrak{h}]$$

この対応および不変式環 $\mathbf{C}[\mathfrak{g}]^G, \mathbf{C}[\mathfrak{h}]^W$ に関して次の基本的な定理が成り立つ ([22] 参照).

定理 4.8.1 (1) 写像 res は同型

$$\mathrm{res} : \mathbf{C}[\mathfrak{g}]^G \simeq \mathbf{C}[\mathfrak{h}]^W$$

を与える.
(2) $\mathbf{C}[\mathfrak{h}]^W$ は l 個の代数的に独立な同次多項式で生成される多項式環になる (l は $\mathfrak{g}$ の階数).

$\mathfrak{g}$ をリー環にもつ連結なリー群のベッチ数 (Betti number) を係数としたポアンカレ多項式は

$$\prod_{i=1}^{l}(1 + t^{2m_i+1})$$

と分解することが知られている. ここに現れる自然数 $m_1, \cdots, m_l$ を, $\mathfrak{g}$ の巾指数 (exponents) という. この値に関して次が知られている ([22] 参照).

定理 4.8.2 $\mathbf{C}[\mathfrak{h}]^W$ の生成元として, 次数が $m_i + 1\, (1 \leq i \leq l)$ の同次多項式がとれる.

以下のように巾指数にはリー環の構造, 特にルート系やワイル群 W に関わるいくつかの性質がある (例えば [31] 参照).
(1) ルート系の基底の元に対する W の生成元を $S_1, \cdots, S_l$ とする. $C = S_1 \cdots S_l$ を W のコクセター変換といい, その位数 h をコクセター数という. このとき C の固有値は

$$\exp\left(\frac{2\pi\sqrt{-1}m_1}{h}\right), \cdots, \exp\left(\frac{2\pi\sqrt{-1}m_l}{h}\right)$$

(2) 次のような双対性がある.

$$1 = m_1 \leq m_2 \leq \cdots \leq m_l = h - 1$$
$$m_i + m_{l-i+1} = h$$

(3)
$$\sum_{i=1}^{l} m_i = \frac{1}{2} hl$$
$$= |\Phi^+| \qquad (\text{正ルートの数})$$
$$= \frac{1}{2}(\dim \mathfrak{g} - l)$$

(4)
$$|W| = \prod_{i=1}^{l}(m_i + 1)$$

(5) x を正則巾零元とする. x を含み, $sl(2,\mathbf{C})$ と同型な $\mathfrak{g}$ の部分リー環を $\mathfrak{a}$ とする (定理 4.9.1 により存在する). $\mathfrak{g}$ の随伴表現を $\mathfrak{a}$ に制限して, $\mathfrak{g}$ を $\mathfrak{a}$ 加群とみなすと, $\mathfrak{g}$ は l 個の既約表現 V_i の直和に分解する.

$$\mathfrak{g} = \bigoplus_{i=1}^{l} V_i$$

このとき $\dim V_i = 2m_i + 1$. (これについては次節で詳しく説明する.)

巾指数は以下の節で見るように, この本のテーマであるクライン特異点と単純リー環の関係をつけるときにも深く関わる数字である. A, D, E 型の場合に巾指数を表 4.1 にあげておこう.

表 4.1 巾指数

型	巾指数
A_l	$1, 2, \cdots, l$
D_l	$1, 3, 5, \cdots, 2l-5, 2l-3$, および $l-1$
E_6	1,4,5,7,8,11
E_7	1,5,7,9,11,13,17
E_8	1,7,11,13,17,19,23,29

D_l 型で l が偶数のときは $l-1$ は 2 回現れる.

例 4.8.3 $\mathfrak{g} = sl(n, \mathbf{C})$ の場合を考えよう. $A \in sl(n, \mathbf{C})$ に対して, 固有多項式

$$\det(tI_n - A) = t^n + \chi_2(A)t^{n-2} + \cdots + (-1)^n \chi_n(A)$$

の t^k 次の係数 $\chi_k(A)$ を $\mathfrak{g}$ 上の多項式と見ると, χ_k は $G = SL(n, \mathbf{C})$ 不変である. 一方, カルタン部分環 $\mathfrak{h}$ を $sl(n, \mathbf{C})$ の対角行列全体としておくと, ワイル群 $W \simeq \mathfrak{S}_n$ は $\mathfrak{h}$ の元の座標の入れ替えとして作用するから (4.2 節), $\mathbf{C}[\mathfrak{h}]^W$ の元は $\mathfrak{h}$ の座標 $h_1, \cdots, h_n$ の対称式になる. I_k を k 次基本対称式とすると, 任意の対称式は基本対称式の多項式で書け, $I_1 = h_1 + \cdots + h_n = 0$ なので

$$\mathbf{C}[\mathfrak{h}]^W = \mathbf{C}[I_2, \cdots, I_n]$$

となる.

固有多項式の係数 $\chi_k(A)$ は A の固有値 $\lambda_1, \cdots, \lambda_n$ の k 次基本対称式である. A のジョルダン標準形を考えると, その対角成分が A の固有値を与えることから, I_k は写像 res による χ_k の像になっていることがわかる. さらに $\mathfrak{h}$ の共役元全体は, $\mathfrak{g}$ の稠密集合になるので $\mathfrak{g}$ 上の G 不変式は, $\mathfrak{h}$ 上で値が一致すれば $\mathfrak{g}$ 全体でも一致する. こうして

$$\mathbf{C}[\mathfrak{g}]^G \simeq \mathbf{C}[\mathfrak{h}]^W$$

がいえた.

定理 4.8.1 により, 不変式環 $\mathbf{C}[\mathfrak{g}]^G$ は, 代数的に独立な同次多項式 $\chi_1, \cdots, \chi_l$ で生成された多項式環になる.

$$\mathbf{C}[\mathfrak{g}]^G = \mathbf{C}[\chi_1, \cdots, \chi_l]$$

$\mathbf{C}[\mathfrak{g}]^G$ の元は G 軌道上一定値をとる. しかし有限群の場合のように (2.1 節) これらの値によって G 軌道を区別するということは, いまの場合できない. 上の $sl(n, \mathbf{C})$ の例で考えると, $\mathbf{C}[\mathfrak{g}]^G$ の元 f の値は, 行列 A の固有値によって決まるから, 固有値が同じ 2 つの行列 A, B で, f は同じ値をもつ. しかし固有値が同じだからといって A と B は共役とは限らない. 例えば

$$A = \begin{bmatrix} \lambda & 0 & 0 \\ 0 & \lambda & 0 \\ 0 & 0 & -2\lambda \end{bmatrix}, \quad B = \begin{bmatrix} \lambda & 1 & 0 \\ 0 & \lambda & 0 \\ 0 & 0 & -2\lambda \end{bmatrix}$$

とすると,$gAg^{-1} = B$ となる $SL(n, \mathbf{C})$ の元 g は存在しない.では $\mathbf{C}[\mathfrak{g}]^G$ の元は何を区別しているのだろうか.この問いには次の定理が答えてくれる.

定理 4.8.4 $\mathfrak{g}$ の元 x のジョルダン分解を $x = x_s + x_n$ とする.$\mathbf{C}[\mathfrak{g}]^G$ の元 f に対して

$$f(x) = f(x_s)$$

が成り立つ.つまり $\mathbf{C}[\mathfrak{g}]^G$ の元の値は x の半単純成分で決まるのである.

上の例では

$$X = \begin{bmatrix} a & 0 & 0 \\ 0 & a^{-1} & 0 \\ 0 & 0 & 1 \end{bmatrix} \in SL(2, \mathbf{C})$$

とすると

$$XBX^{-1} = \begin{bmatrix} \lambda & a^2 & 0 \\ 0 & \lambda & 0 \\ 0 & 0 & -2\lambda \end{bmatrix}$$

なので,B の G 軌道の閉包に A は含まれる.したがって $f(A) = f(B)$ ($f \in \mathbf{C}[\mathfrak{g}]^G$) となる (一般の場合も基本的には同様の考察で証明ができる).

そこで今度は半単純元の軌道がどのようなものかが問題になる.

定理 4.8.5 (1) $\mathfrak{g}$ の半単純元は $\mathfrak{h}$ の元と共役である.

(2) $\mathfrak{h}$ の元 x, y が G 共役なら,同じ W 軌道の元になる.したがって $\mathfrak{g}$ の半単純元の G 軌道は $\mathfrak{h}$ の W 軌道 $\mathfrak{h}/W$ と 1 対 1 対応する.

$\mathfrak{g}$ の元 x の半単純成分 x_s と共役な $\mathfrak{h}$ の元を h_x とすれば,定理 4.8.4 と 4.8.5 (1) により

$$f(x) = f(h_x), \quad f \in \mathbf{C}[\mathfrak{g}]^G$$

となる.定理 4.8.1 により,$\mathbf{C}[\mathfrak{g}]^G$ は代数的に独立な l 個の同次多項式 $\chi_1, \cdots, \chi_l$ で生成される多項式環であった.そこで写像

$$\chi : \mathfrak{g} \longrightarrow \mathfrak{h}/W \simeq \mathbf{C}^l$$

を $\chi(x) = (\chi_1(x), \cdots, \chi_l(x))$ で定義する.ここで W は有限群なので,注意 2.1.4 により,軌道空間 $\mathfrak{h}/W$ にはアフィン代数多様体の構造が入り,その座標環は不変式環 $\mathbf{C}[\mathfrak{h}]^W$ である.したがって定理 4.8.1 (2) により

$$\mathfrak{h}/W \simeq \mathbf{C}^l$$

なのである.

定義 4.8.6 写像

$$\chi : \mathfrak{g} \longrightarrow \mathfrak{h}/W$$

を随伴商 (adjoint quotient) という (不変写像,スタインバーグ写像ともいう).

この写像について次のようなことがわかっている ([8],[30]).

定理 4.8.7 (1) χ は平坦射で,ファイバーの余次元は l.
(2) $\chi^{-1}(\bar{h}) \, (\bar{h} \in \mathfrak{h}/W)$ は有限個の G 軌道の和集合になる.
(3) $\chi^{-1}(\bar{h})$ は正則元の G 軌道を,ただ 1 つ含み,それは $\chi^{-1}(\bar{h})$ において稠密な開集合となる.この軌道の補集合は余次元 2 以上である.
(4) $\chi^{-1}(\bar{h})$ の非特異点の集合は,$\chi^{-1}(\bar{h})$ における正則元 (リー環の元としての正則元) の集合と一致する.

4.9 $sl(2,\mathbf{C})$ の表現と横断片

前節では $\mathfrak{g}$ 上の G 不変式環および $\mathfrak{h}$ 上の W 不変式環が,次数 $d_i = m_i+1$ ($1 \leq i \leq l$, m_i は巾指数) の同次多項式で生成されることを述べた.クライン特異点の半普遍変形をみると,その底空間は $\mathbf{C}^l$ であって,そこへの $\mathbf{C}^\times$ 作用の重みが $2d_i$ ($1 \leq i \leq l$) であることが表 3.5 と表 4.1 から読みとれる.この事実と,随伴商が次数 $d_1, \cdots, d_l$ の同次多項式による $\mathfrak{h}/W \simeq \mathbf{C}^l$ への写像であることとはもちろん無関係ではない.定理 4.7.2 における横断片 (transversal slice) に随伴商を制限すると,その像は $\mathfrak{h}/W \simeq \mathbf{C}^l$ となり,横断片 $\mathcal{S}$ はクライン特異点 $(\mathcal{S} \cap \mathcal{N}(\mathfrak{g}), \mathcal{S} \cap \mathcal{O}_{sreg})$ の半普遍変形になるからである.以下の節では横断片と半普遍変形に入る $\mathbf{C}^\times$ 作用の重みを見比べてみるという方法によって,このことを示す.

この節では,$\mathbf{C}^\times$ の作用を見やすくするために,$sl(2,\mathbf{C})$ の表現論と $\mathfrak{g}$ の構造を用いて,$\mathcal{S}$ として特別なアフィン空間,それもリー環の構造をよく反映したものをとることにする.

$\mathfrak{g}$ を複素単純リー環,$\mathcal{O}_{sreg}$ を副正則巾零軌道とする.4.1 節での定義により,G の随伴作用の微分は括弧積で与えられるから,$\mathcal{O}_{sreg}$ の元 x における $\mathcal{O}_{sreg} = \mathrm{Ad}(G)(x)$ の接空間はアフィン空間

$$T_x(\mathcal{O}_{sreg}) = x + [\mathfrak{g}, x]$$

となる.アフィン空間を横断片としてとろうとした場合,V をベクトル空間として $\mathcal{S} = x + V$ と書くと,$\mathcal{S}$ が x で軌道 $\mathcal{O}_{sreg}$ に横断的に交わるという条件から

$$T_x(\mathfrak{g}) = V \oplus [\mathfrak{g}, x]$$

となっていなければならない.以下 $[g,x] = \mathrm{ad}(x)(\mathfrak{g})$ の補空間としての V を,$sl(2,\mathbf{C})$ の表現論を使って求めよう.まず巾零元と $sl(2,\mathbf{C})$ との基本的な定理から始める (証明については [8] など参照のこと).

定理 4.9.1 複素単純リー環 $\mathfrak{g}$ の巾零元 $x \neq 0$ に対して，次の関係を満たす元 $y, h \in \mathfrak{g}$ が存在する．

$$[h, x] = 2x, \quad [h, y] = -2y, \quad [x, y] = h \tag{4.4}$$

x, h, y で生成される $\mathfrak{g}$ の 3 次元部分リー環 $\mathfrak{a} = \langle x, h, y \rangle$ は $sl(2, \mathbf{C})$ に同型である．

関係式(4.4)を満たす x, h, y を sl_2 トリオとよぶことにしよう．$\mathfrak{a}$ と $sl(2, \mathbf{C})$ との同型は

$$x \mapsto \begin{bmatrix} 0 & 1 \\ 0 & 0 \end{bmatrix}, \quad h \mapsto \begin{bmatrix} 1 & 0 \\ 0 & -1 \end{bmatrix}, \quad y \mapsto \begin{bmatrix} 0 & 0 \\ 1 & 0 \end{bmatrix}$$

で与えられる．

$sl(2, \mathbf{C})$ の巾零軌道は 2 つあって，そのうちの 1 つは $\{O\}$ である．$\mathfrak{a}$ に対して，$\mathfrak{a}$ の $\{O\}$ でない巾零軌道を対応させることによって次の 1 対 1 の対応が得られる．

定理 4.9.2 $\mathfrak{g}$ の $\{O\}$ でない巾零軌道の集合と，$sl(2, \mathbf{C})$ と同型な，$\mathfrak{g}$ の 3 次元部分リー環の G 軌道の集合との間には，上記の対応により 1 対 1 対応がある．

$$\{x \in \mathfrak{g} \mid x \text{ は巾零}, x \neq 0\}/G \quad \overset{1\,対\,1}{\longleftrightarrow} \quad \{\mathfrak{a} \subset \mathfrak{g} \mid \mathfrak{a} \simeq sl(2, \mathbf{C})\}/G$$
$$x \quad \mapsto \quad \mathfrak{a}\ (x \in \mathfrak{a})$$

単純リー環の共役類の構造を知る上で重要な役割を果たした $sl(2, \mathbf{C})$ の表現論をここでまとめておこう．$sl(2, \mathbf{C})$ の元 x, h, y を

$$x = \begin{bmatrix} 0 & 1 \\ 0 & 0 \end{bmatrix}, \quad h = \begin{bmatrix} 1 & 0 \\ 0 & -1 \end{bmatrix}, \quad y = \begin{bmatrix} 0 & 0 \\ 1 & 0 \end{bmatrix}$$

とする．

$$\rho : sl(2, \mathbf{C}) \longrightarrow \mathrm{End}(V)$$

を $sl(2, \mathbf{C})$ の表現とし，$\lambda \in \mathbf{C}$ に対する $\rho(h)$ の固有空間を

$$V_\lambda = \{v \in V \mid \rho(h)v = \lambda v\}$$

とする. $V_\lambda \neq \{0\}$ のとき, λ を h の重み (weight) といい, V_λ を重み空間という.

$$V = \bigoplus_\lambda V_\lambda$$

定理 4.9.3 $sl(2, \mathbf{C})$ の表現に関して次が成立する.
(1) 自然数 n に対して, n 次元既約表現 V^n(の同型類) がちょうど 1 つ存在する.
(2) V^n における h の重み λ は

$$-(n-1), -(n-3), \cdots, n-1$$

の n 個で, $\dim V_\lambda^n = 1$. x, h, y の作用は同型

$$\rho(x) : V_\lambda^n \xrightarrow{\sim} V_{\lambda+2}^n, \quad \lambda \leq n-3$$
$$\rho(y) : V_\lambda^n \xrightarrow{\sim} V_{\lambda-2}^n, \quad \lambda \geq -(n-3)$$

をひき起こす. 重み $n-1, -(n-1)$ はそれぞれ最高の重み, 最低の重みとよばれ,

$$\rho(x)(V_{n-1}^n) = \{0\}, \quad \rho(y)(V_{-(n-1)}^n) = \{0\}$$

となる.

$$V_{-(n-1)}^n \underset{y}{\overset{x}{\rightleftarrows}} V_{-(n-3)}^n \underset{y}{\overset{x}{\rightleftarrows}} \cdots \underset{y}{\overset{x}{\rightleftarrows}} V_{n-3}^n \underset{y}{\overset{x}{\rightleftarrows}} V_{n-1}^n$$

V^n は具体的に次のようにして得られる. $sl(2, \mathbf{C})$ の元 A は 2 次行列として $\mathbf{C}^2$ に作用するので, その作用を $\mathbf{C}^2$ 上の多項式環 $R = \mathbf{C}[z_1, z_2]$ に, 微分として拡張する. つまり $f, g \in R$ に対して

$$A \cdot (fg) = (A \cdot f)g + f(A \cdot g)$$

という規則によって, A の作用を線形に拡張するのである. 座標への作用は

$$h:\begin{bmatrix}z_1\\z_2\end{bmatrix}\mapsto\begin{bmatrix}z_1\\-z_2\end{bmatrix},\quad x:\begin{bmatrix}z_1\\z_2\end{bmatrix}\mapsto\begin{bmatrix}0\\z_1\end{bmatrix},\quad y:\begin{bmatrix}z_1\\z_2\end{bmatrix}\mapsto\begin{bmatrix}z_2\\0\end{bmatrix}$$

だから

$$\begin{cases} h\cdot(z_1^{n-k}z_2^k)=(n-2k)z_1^{n-k}z_2^k\\ x\cdot(z_1^{n-k}z_2^k)=kz_1^{n-k+1}z_2^{k-1}\\ y\cdot(z_1^{n-k}z_2^k)=(n-k)z_1^{n-k-1}z_2^{k+1}\end{cases} \quad (4.5)$$

となる．これが $sl(2,\mathbf{C})$ の表現になっていることを示すには

$$[h,x]\cdot f=2x\cdot f,\quad [h,y]\cdot f=-2y\cdot f,\quad [x,y]\cdot f=h\cdot f,\quad f\in R$$

であることを確かめねばならないが，これは読者に任せよう．

$n-1$ 次同次多項式からなるベクトル空間を R^n としよう．R^n は z_1^{n-1}, $z_1^{n-2}z_2,\cdots,z_2^{n-1}$ で生成される n 次元ベクトル空間である．式(4.5)により，x,y は

$$\mathbf{C}z_2^{n-1}\underset{y}{\overset{x}{\rightleftarrows}}\mathbf{C}z_1z_2^{n-2}\underset{y}{\overset{x}{\rightleftarrows}}\cdots\underset{y}{\overset{x}{\rightleftarrows}}\mathbf{C}z_1^{n-2}z_2\underset{y}{\overset{x}{\rightleftarrows}}\mathbf{C}z_1^{n-1}$$

と作用し，

$$x\cdot(z_1^{n-1})=0,\quad y\cdot(z_2^{n-1})=0$$

である．R^n は $sl(2,\mathbf{C})$ の n 次元既約表現になり，V^n と同値な表現となる．

ここで 2 つの表現 $(\rho,V),(\rho',V')$ が同値であるとは，線形同型写像 $f:V\to V'$ で条件

$$f\circ\rho(x)=\rho'\circ f(x)\,(\forall x\in\mathfrak{g})$$

を満たすものが存在するときをいう．

副正則巾零軌道の横断片に話を戻そう．x を副正則巾零元とし，$\mathfrak{g}$ における $[\mathfrak{g},x]=(\mathrm{ad}x)(\mathfrak{g})$ の補空間を見つけたいのであった．定理 4.9.2 により，x を含む部分リー環 $\mathfrak{a}$ であって $sl(2,\mathbf{C})$ に同型なものが共役を除いて一意的に存在する．$\mathfrak{g}$ の随伴表現を $\mathfrak{a}$ に制限すると，$\mathfrak{g}$ は $\mathfrak{a}$ の既約表現の直和に分解する．

$$\mathfrak{g} = \bigoplus_{i=1}^{r} V^{n_i}, \quad V^{n_i} \text{は } \mathfrak{a} \text{ の } n_i \text{ 次元既約表現} \tag{4.6}$$

h に関して最低の重みをもつ V^{n_i} のベクトルを v_i とすると, V^{n_i} において $\mathbf{C}v_i$ は $\mathrm{ad}\, y$ の核となる.

$$\ker(\mathrm{ad}\, y)|_{V^{n_i}} = \mathbf{C}v_i$$

左辺の部分空間は, V^{n_i} において y と可換な元全体として特徴づけられる

$$\mathfrak{z}_{V^{n_i}}(y) = \{v \in V^{n_i} \mid [y,v] = 0\} = \mathbf{C}v_i$$

定理 4.9.3(2) より,

$$\begin{aligned} V^{n_i} &= \mathrm{ad}\, x(V^{n_i}) \oplus \mathbf{C}v_i \\ &= \mathrm{ad}\, x(V^{n_i}) \oplus \mathfrak{z}_{V^{n_i}}(y) \end{aligned} \tag{4.7}$$

したがって

$$\mathfrak{g} = \mathrm{ad}\, x(\mathfrak{g}) \oplus \mathfrak{z}_\mathfrak{g}(y)$$
$$\mathfrak{z}_\mathfrak{g}(y) = \{z \in \mathfrak{g} \mid [z,y] = 0\}$$

となる. そこで

$$\mathcal{S} = x + \mathfrak{z}_\mathfrak{g}(y)$$

とおくと, $\mathfrak{z}_\mathfrak{g}(y)$ は $\mathfrak{g}$ における $[\mathfrak{g},x]$ の補空間なので, $\mathcal{S}$ は x において $\mathcal{O}_{sreg}$ と横断的に交わる. ここまでをまとめると,

定理 4.9.4 x を副正則巾零元とする. $sl(2,\mathbf{C})$ と同型な部分リー環 $\mathfrak{a} \subset \mathfrak{g}$ であって x を含むものをとり, $x,h,y \in \mathfrak{a}$ を関係式(4.4)を満たすものとする.

$$\mathcal{S} = x + \mathfrak{z}_\mathfrak{g}(y) \tag{4.8}$$

とすると, $\mathcal{S}$ は x において $\mathcal{O}_{sreg}$ と横断的に交わる.

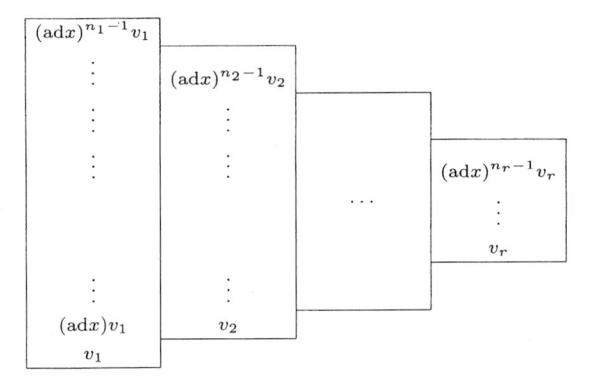

[図: $(\mathrm{ad}x)^{n_1-1}v_1, \ldots, (\mathrm{ad}x)v_1, v_1$ / $(\mathrm{ad}x)^{n_2-1}v_2, \ldots, v_2$ / $\cdots$ / $(\mathrm{ad}x)^{n_r-1}v_r, \ldots, v_r$]

4.10 $sl(n, \mathbf{C})$ の横断片

$\mathfrak{g} = sl(n, \mathbf{C})$ のとき,横断片を具体的に求めてみよう.横断片の取り方はいろいろあるが,ここでは前節 4.9 で与えたものと,アーノルドによるものと 2 つの例を示そう.

(1) 4.9 節の横断片.

$$x = \begin{bmatrix} 0 & 1 & & & \\ & \ddots & \ddots & & \\ & & \ddots & 1 & \\ & & & 0 & 0 \\ \hline & & & & 0 \end{bmatrix}, \quad h = \begin{bmatrix} n-2 & & & & \\ & n-4 & & & \\ & & \ddots & & \\ & & & -(n-2) & \\ \hline & & & & 0 \end{bmatrix}$$

$$y = \begin{bmatrix} 0 & & & & \\ y_1 & \ddots & & & \\ & \ddots & \ddots & & \\ & & y_{n-2} & 0 & \\ \hline & & & 0 & 0 \end{bmatrix}, \quad y_i = i(n-i-1)$$

とすると,x, h, y は sl_2 トリオとなる.このとき $\mathcal{S}$ は次の行列全体となる.

$$\begin{bmatrix} X_1 & 1 & & & & & 0 \\ c_1 X_2 & X_1 & 1 & & \text{\Large 0} & & \vdots \\ c_1 X_3 & c_2 X_2 & \ddots & \ddots & & & \\ c_1 X_4 & c_2 X_3 & & \ddots & & & \\ \vdots & \vdots & \ddots & & & & \vdots \\ c_1 X_{n-2} & c_2 X_{n-3} & \cdots & & X_1 & 1 & 0 \\ X_{n-1} & X_{n-2} & \cdots & & X_2 & X_1 & Y \\ \hline Z & 0 & \cdots & & & 0 & -(n-1)X_1 \end{bmatrix}$$

$$(X_1, \cdots, X_{n-1}, Y, Z) \in \mathbf{C}^{n+1}, \quad c_i = \frac{y_i}{y_{n-2}}$$

次の例はもっと簡単である.

(2) アーノルドの横断片. x は (1) と同じとする.

$$S = \left\{ \left[\begin{array}{cccc|c} 0 & 1 & & & 0 \\ & \ddots & \ddots & \text{\Large 0} & \vdots \\ \text{\Large 0} & & 0 & 1 & 0 \\ X_{n-1} & \cdots & X_2 & X_1 & Y \\ \hline Z & 0 & \cdots & 0 & -X_1 \end{array} \right] \middle| (X_1, \cdots, X_{n-1}, Y, Z) \in \mathbf{C}^{n+1} \right\}$$

は, x の G 軌道 $\mathcal{O}_x$ と横断的に交わる. S と $T_x \mathcal{O}_x = x + [\mathfrak{g}, x]$ が $T_x \mathfrak{g}$ を生成することが簡単な計算で確かめられる. したがって S は x における $\mathcal{O}_x$ の横断片になっている.

随伴商を S に制限してみよう. 例 4.8.3 で見たように, 固有多項式の係数が随伴商を与えるのだから, $z \in S$ に対して

$$f(\lambda) = |\lambda I - z|$$

$$= \det \left[\begin{array}{cccc|cc} \lambda & -1 & & & 0 \\ & \ddots & \ddots & & & \vdots \\ & & \lambda & -1 & & 0 \\ -X_{n-1} & \cdots & -X_2 & \lambda - X_1 & & -Y \\ \hline -Z & 0 & \cdots & 0 & & \lambda + X_1 \end{array} \right]$$

$$= (\lambda + X_1) \det \left[\begin{array}{cccc} \lambda & -1 & & \\ & \ddots & \ddots & \\ & & \lambda & -1 \\ -X_{n-1} & \cdots & -X_2 & \lambda - X_1 \end{array} \right] - YZ$$

最後の式の中の行列式を $f_{n-1}(\lambda)$ とおくと,

$$f_{n-1}(\lambda) = \lambda f_{n-2}(\lambda) - X_{n-1}$$

なので

$$f_{n-1}(\lambda) = \lambda^{n-1} - \lambda^{n-2} X_1 - \lambda^{n-3} X_2 - \cdots - X_{n-1}$$

である. したがって

$$\begin{aligned} f(\lambda) &= (\lambda + X_1) f_{n-1}(\lambda) - YZ \\ &= \lambda^n - (X_2 + X_1^2)\lambda^{n-2} - (X_3 + X_1 X_2)\lambda^{n-3} - (X_4 + X_1 X_3)\lambda^{n-4} - \cdots \\ &\quad - (X_{n-1} + X_{n-2} X_1)\lambda - (X_1 X_{n-1} + YZ) \end{aligned}$$

ここで

$$\begin{aligned} t_2 &= -(X_2 + X_1^2), t_3 = -(X_3 + X_2 X_1), \cdots, t_{n-1} \\ &= -(X_{n-1} + X_{n-2} X_1), t_n = X_1 X_{n-1} + YZ \end{aligned}$$

とおけば

$$t_n = X_1^n - t_2 X_1^{n-2} - t_3 X_1^{n-3} - \cdots - t_{n-1} X_1 + YZ$$

となる．さらに $X = X_1$ として

$$\mathcal{S} = \left\{ (X, Y, Z, t_2, \cdots, t_n) \in \mathbf{C}^{n+2} \; \middle| \; \begin{array}{c} X^n - t_2 X^{n-2} - t_3 X^{n-3} - \\ \cdots - t_{n-1} X + YZ = 0 \end{array} \right\}$$

↓ 射影

$$\mathbf{C}^{n-1} = \left\{ (t_2, \cdots, t_n) \in \mathbf{C}^{n-1} \right\}$$

は例 3.5.6 で与えた A_l 型クライン特異点の半普遍変形になっている．

4.11 横断片への $\mathbf{C}^\times$ の作用

$\mathfrak{g}$ を A, D, E 型の複素単純リー環とする．4.9 節の冒頭で述べた $\mathcal{S}$ への $\mathbf{C}^\times$ の作用を定義しよう．x を副正則巾零元とし，x を含む $sl(2, \mathbf{C})$ と同型な部分リー環を $\mathfrak{a}$ とする．$h, y \in \mathfrak{a}$ を式 (4.4) を満たすものとする．$\mathfrak{a}$ の作用に関する $\mathfrak{g}$ の分解の式 (4.6) に従って決まった横断片 (4.8) を

$$\mathcal{S} = x + \mathfrak{z}_\mathfrak{g}(y)$$

とする．y も副正則巾零元なので $\dim \mathfrak{z}_\mathfrak{g}(y) = l+2$ である．V^{n_i} における h の最低の重みをもつベクトルを v_i とすると，式 (4.7) より，$\mathcal{S}$ の元は $x + \sum_{i=1}^{l+2} c_i v_i$ ($c_i \in \mathbf{C}$) と書け，h は

$$\mathrm{ad}(h) \left(x + \sum_{i=1}^{l+2} c_i v_i \right) = 2x + \sum_{i=1}^{l+2} (-n_i + 1) c_i v_i$$

と作用する (定理 4.9.3(2))．したがって指数写像

$$\begin{array}{ccccccc} \mathbf{C} & \simeq & \mathbf{C}h & \xrightarrow{\exp} & \mathbf{C}^\times \cdot I_2 & \simeq & \mathbf{C}^\times \\ c & \mapsto & ch & \mapsto & \begin{bmatrix} e^c & 0 \\ 0 & e^{-c} \end{bmatrix} & \mapsto & e^c = t \end{array}$$

を通じて $\mathbf{C}^\times$ の作用 $\lambda : \mathbf{C}^\times \to GL(\mathfrak{g})$ を $\lambda(t)(v) = t^k v$ (v は重み k の重み空間の元) で定義すると，$\mathcal{S}$ の元へは，

$$\lambda(t) \left(x + \sum_{i=1}^{l+2} c_i v_i \right) = t^2 x + \sum_{i=1}^{l+2} t^{-n_i + 1} c_i v_i$$

と作用する．この作用は $SL(2, \mathbf{C})$ の元

$$\begin{bmatrix} t & 0 \\ 0 & t^{-1} \end{bmatrix}$$

の随伴作用になっていて，単位元での微分 $(d\lambda)_1$ が $\mathrm{ad}(h)$ になっていることに注意．しかし，この作用で S は保たれない．その上，随伴商は随伴作用で不変な関数による写像だったから $\chi : \mathfrak{g} \to \mathfrak{h}/W$ を S に制限したとき，$\mathfrak{h}/W$ への λ による作用は消えてしまって，半普遍変形の底空間への $\mathbf{C}^\times$ 作用をひき起こさない．この2つの不都合を解決するために，もう1つの $\mathbf{C}^\times$ 作用

$$\sigma : \mathbf{C}^\times \to GL(\mathfrak{g}), \quad \sigma(t)(z) = tz, \quad z \in \mathfrak{g}$$

を用意する．λ と σ の作用は互いに可換なので，新たに $\mathbf{C}^\times$ の $\mathfrak{g}$ への作用

$$\mu(t) = \sigma(t^2)\lambda(t^{-1})$$

を考えよう．これは S へ次のように作用する．

$$\mu(t)(x + \sum_{i=1}^{l+2} c_i v_i) = x + \sum_{i=1}^{l+2} t^{n_i+1} c_i v_i \tag{4.9}$$

随伴商は $\mathbf{C}[\mathfrak{g}]^G$ の生成元である同次多項式 $\chi_1, \cdots, \chi_l$ ($\deg \chi_i = m_i + 1 = d_i$) で与えられていたので，$\mathfrak{h}/W \simeq \mathbf{C}^l$ に $\mathbf{C}^\times$ の作用を，重み $(2d_1, \cdots, 2d_l)$ で与えると，次が成り立つ．

命題 4.11.1 随伴商を，上で与えた横断片 S に制限した写像

$$\chi_S : S \longrightarrow \mathfrak{h}/W$$

は，μ による $\mathbf{C}^\times$ 作用により，重み $(2d_1, \cdots, 2d_l; n_1 + 1, \cdots, n_{l+2} + 1)$ の $\mathbf{C}^\times$ 写像になる (定義 3.5.11 参照)．

証明 式(4.9)により $\mathbf{C}^\times$ は S へは，重み $(n_1 + 1, \cdots, n_{l+2} + 1)$ で作用する．一方，

$$\chi_i(\mu(t)z) = \chi_i(\sigma(t^2)\lambda(t^{-1})z), \quad z \in \mathcal{S}$$
$$= \chi_i(\sigma(t^2)z)$$
$$= t^{2d_i}\chi_i(z)$$

ここで 2 番目の等式は，χ が随伴作用で不変であることから，3 番目の等式は χ_i の次数が d_i であることからわかる． 証明終

次の表 4.2 は $d_1, \cdots, d_l$ と $n_1, \cdots, n_{l+2}$ の表である．

表 4.2 $\mathbf{C}^\times$ 作用の重み

	d_1	d_2	d_3	$\cdots$			d_{l-1}	d_l	n_1	n_2	$\cdots$			n_{l-1}	n_l	n_{l+1}	n_{l+2}
A_l	2	3	4	$\cdots$			l	$l+1$	3	5	$\cdots$			$2l-1$	1	l	l
D_l	2	4	6	$\cdots$	$2l-6$| $2l-4$	l	$2l-2$	3	7	$\cdots$			$4l-9$	$2l-1$	3	$2l-5$	$2l-3$
E_6	2	5	6		8	9	12		3	9	11			15	17	5	7	11
E_7	2	6	8		10	12	14	18	3	11	15		19	23	27	7	11	17
E_8	2	8	12	14	18	20	24	30	3	15	23	27	35	39	47	11	19	29

この表 4.2 から次の (1), (2) が読みとれる．
(1) $n_i = 2d_i - 1, \quad i \leq l-1$.
(2) 各タイプのクライン特異点への $\mathbf{C}^\times$ の作用の重み (3.5.2 項参照) を思いだそう．そこでの δ_i, w_i と表 4.2 の d_i, n_i は

$$\delta_i = 2d_i = n_i + 1\ (i \leq l-1), \quad \delta_l = 2d_l, \quad w_i = n_{l+i-1} + 1 \quad (i = 1, 2, 3)$$

なる関係にある．

クライン特異点の半普遍変形は重み付き同次多項式で与えられた．その重みから決まる $\mathbf{C}^\times$ 作用の重みと，副正則巾零元を含む $sl(2, \mathbf{C})$ の半単純元 h の随伴作用の重みから決まる，$\mathcal{S}$ への $\mathbf{C}^\times$ 作用の重みとが一致するという事実が，横断片 $\mathcal{S}$ がクライン特異点の半普遍変形を与えるということのキーポイントである．

そこでこの $n_1, \cdots, n_{l+2}$ がリー環論においてどのように求まるのかということを，ここで簡単にまとめておこう．

4.11 横断片への $\mathbf{C}^\times$ の作用

まず, $\mathfrak{g}$ の巾零軌道に対して

$$\{\mathfrak{g} \text{ の } 0 \text{ でない巾零軌道}\} \overset{1\text{対}1}{\leftrightarrow} \left\{\begin{array}{l} sl(2,\mathbf{C}) \text{ に同型な} \\ \mathfrak{g} \text{ の部分リー環の共役類} \end{array}\right\} \overset{1\text{対}1}{\leftrightarrow} \{sl_2 \text{トリオの共役類}\}$$

$$G \cdot x \;\mapsto\; \begin{array}{c} x \text{ を含む } sl(2,\mathbf{C}) \text{ に同型な} \\ \text{部分リー環 } \mathfrak{a} \text{ の共役類} \end{array} \;\mapsto\; \{x,h,y\} \text{ の共役類}$$

という 1 対 1 の対応がある事が知られている ([8],[31]). 1 つ目の対応はすでに定理 4.9.1 で述べた). 巾零元 x に対して上の対応で定まる sl_2 トリオを x,h,y としよう. h は半単純なのでカルタン部分環 $\mathfrak{h}$ の元 h' に共役である. $\mathfrak{h}$ から決まるルート系 Φ の基底 Π を 1 つ決めておく. h' はワイル群 W の元で基本ワイル領域に移せる. $\mathfrak{h}$ をリー環にもつ, G の部分リー群を T すると, ワイル群 W は, T の G での正規化群 $N_G(T)$ を T で割った群 $N_G(T)/T$ と同型なので ([3] 4 章参照), W の作用は G の作用で実現できる. したがって h が $\mathfrak{h}$ の基本ワイル領域に入るように, x,h,y をとることができる.

$\Pi = \{\alpha_1, \cdots, \alpha_l\}$ とすると, $sl(2,\mathbf{C})$ の表現論から $\alpha_i(h)$ の値は負でない整数であるが, 実は

$$\alpha_i(h) \in \{0,1,2\}$$

であることが次のようにしてわかる.

ルート空間 $\mathfrak{g}_{\alpha_i}$ の生成元を e_{α_i} とする. 定義 4.1.2 のヤコビ恒等式より

$$[h,[y,e_{\alpha_i}]] = -[y,[e_{\alpha_i},h]] - [e_{\alpha_i},[h,y]]$$
$$= -[y, -\alpha_i(h)e_{\alpha_i}] + 2[e_{\alpha_i},y]$$
$$= (\alpha_i(h) - 2)[y,e_{\alpha_i}]$$

である. もし $\alpha_i(h) > 2$ であるなら, $[y,e_{\alpha_i}]$ は $\mathrm{ad}(h)$ の正の固有値をもつ固有ベクトルとなる. つまり

$$y = \sum_{\alpha \in \Phi} c_\alpha e_\alpha, \quad e_\alpha \in \mathfrak{g}_\alpha$$

と書くと, $[\mathfrak{g}_\alpha, \mathfrak{g}_\beta] \subset \mathfrak{g}_{\alpha+\beta}$ であることから, $[y,e_{\alpha_i}]$ は正のルート空間のベクトルの和で書けていなければならない. 一方,

$$-2y = [h, y] = \sum_{\alpha \in \Phi} c_\alpha \alpha(h) e_\alpha$$

なので $\alpha(h) < 0$ である. h は基本ワイル領域の元なので $\alpha_i(h) > 0$ でなければならない. すべてのルートは $\alpha = \sum_{i=1}^{l} m_i \alpha_i$ (m_i はすべて 0 以上か, またはすべて 0 以下) と表されていたので $m_i \leq 0$ である. つまり

$$y = \sum_{\alpha \in \Phi^-} c_\alpha e_\alpha$$

となる. これは矛盾である. したがって $\alpha_i(h) \in \{0, 1, 2\}$ がいえた.

この値をディンキン図形の各頂点につけたものを重み付きディンキン図形とよぶ. これを $D(\mathcal{O}_x)$ と書こう. 単純に可能性だけを考えれば, この図形は 3^l 個の可能性があるが, 実際に巾零軌道からできるものはずいぶん少ない. 巾零軌道はこの図形によって区別される. すなわち

$$\mathcal{O}_x = \mathcal{O}_{x'} \Leftrightarrow D(\mathcal{O}_x) = D(\mathcal{O}_{x'})$$

が成り立つ. 重み付きディンキン図形は分類されていて, 正則巾零軌道と副正則巾零軌道の図形は次のようになる ([8] 参照).

(1) 正則巾零軌道. $\alpha_i(h) = 2 \quad (1 \leq i \leq l)$
(2) 副正則巾零軌道.

A_l ($l=2k+1$)

A_l ($l=2k$)

D_l

4.11 横断片への $\mathbf{C}^\times$ の作用

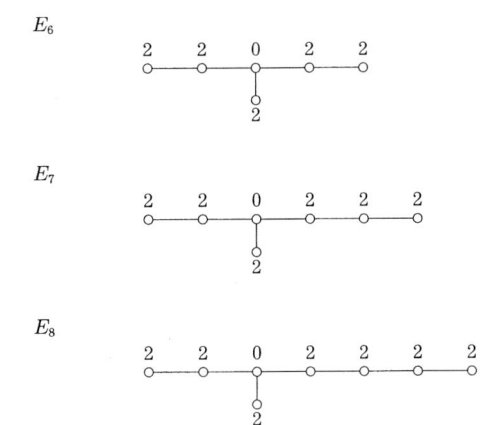

E_6

```
    2   2   0   2   2
    o───o───o───o───o
            │
            o
            2
```

E_7

```
    2   2   0   2   2   2
    o───o───o───o───o───o
            │
            o
            2
```

E_8

```
    2   2   0   2   2   2   2
    o───o───o───o───o───o───o
            │
            o
            2
```

ルート空間 $\mathfrak{g}_\alpha$ の生成元を e_α とする.

$$\mathfrak{g}_\alpha = \mathbf{C} e_\alpha$$

単純ルート α_i に対して, 重み付きディンキン図形から, h の e_{α_i} への作用がわかる. つまり

$$\mathrm{ad}(h)(e_{\alpha_i}) = \alpha_i(h) e_{\alpha_i}$$

であって, α は単純ルートの整数係数の 1 次結合なので $\mathrm{ad}(h)$ の e_α への作用がわかる. したがって h の $\mathfrak{g}$ への作用の重みがわかるので, $sl(2, \mathbf{C})$ の表現論から, $\mathfrak{a}$ の作用による $\mathfrak{g}$ の既約表現分解の次数 n_i がわかるのである. これを $sl(n, \mathbf{C})$ の例で説明しよう.

例 4.11.2 $A_l : \mathfrak{g} = sl(l+1, \mathbf{C})$ のとき, 4.10 節により

$$x = \left[\begin{array}{cccc|c} 0 & 1 & & & \\ & \ddots & \ddots & & \\ & & \ddots & 1 & \\ & & & 0 & 0 \\ \hline & & & & 0 \end{array}\right], \quad h = \left[\begin{array}{cccc|c} l-1 & & & & \\ & l-3 & & & \\ & & \ddots & & \\ & & & -(l-1) & \\ \hline & & & & 0 \end{array}\right]$$

$$y = \begin{bmatrix} 0 & & & & \\ y_1 & \ddots & & & \\ & \ddots & \ddots & & \\ & & y_{l-1} & 0 & \\ \hline & & & 0 & 0 \end{bmatrix}, \quad y_i = i(l-i)$$

とすると,x,h,y は sl_2 トリオとなる.ルート系とその基底を 4.2 節で与えたものとすると,h は基本ワイル領域 C に含まれない.$\alpha_l(h) = -(l-1) < 0$ だからである.

以下 $l = 2k+1$ のときを考える.$W = \mathfrak{S}_{l+1}$ の元で,h の対角成分を入れ替えて

$$h' = \mathrm{diag}(2k, 2k-2, \cdots, 2, \overset{k+1}{\smile}{0}, \overset{k+2}{\smile}{0}, -2, \cdots, -2k)$$

とすると $h' \in C$ となる.ただし $\mathrm{diag}(a_1, \cdots)$ は対角成分に $a_1, \cdots$ が並ぶ対角行列である.このとき,

$$\begin{cases} \alpha_i(h') = 2 & (i \neq k+1) \\ \alpha_i(h') = 0 & (i = k+1) \end{cases} \tag{4.10}$$

よって $D(\mathcal{O}_x)$ は

$$\underset{\circ\!\!-\!\!\circ}{2\ 2} \cdots \underset{\circ\!\!-\!\!\circ}{2} \underset{\circ}{\overset{k+1}{\smile}{0}} \underset{\circ}{2} \cdots \underset{\circ\!\!-\!\!\circ}{2\ 2}$$

ルート $\alpha = \sum_{i=1}^{l} c_i \alpha_i \in \Phi$ に対して

$$\mathrm{ad}(h')e_\alpha = \alpha(h')e_\alpha$$

なので $\mathfrak{a} = \langle x, h, y \rangle$ の $\mathfrak{g}$ への随伴作用における h' の重みは式(4.10)を使って計算できる.

$$\Phi^+ = \{\alpha_i + \alpha_{i+1} + \cdots + \alpha_j \mid 1 \leq i < j \leq l\}$$

であった.$k = 1, l = 3$ のときを例にして計算してみよう.

4.11 横断片への $\mathbf{C}^\times$ の作用

$$D(\mathcal{O}_x): \overset{2}{\circ}\!\!-\!\!\overset{0}{\circ}\!\!-\!\!\overset{2}{\circ}$$

行列の各成分にはルート空間が対応していたので，4 行 4 列の行列の各成分に対応するルートを書くと

	α_1	$\alpha_1+\alpha_2$	$\alpha_1+\alpha_2+\alpha_3$
$-\alpha_1$		α_2	$\alpha_2+\alpha_3$
$-\alpha_1-\alpha_2$	$-\alpha_2$		α_3
$-\alpha_1-\alpha_2-\alpha_3$	$-\alpha_2-\alpha_3$	$-\alpha_3$	

なので，h の重みは次のようになる（トレースが 0 なので，対角部分は 3 次元であることに注意）．

0	2	2	4
-2	0	0	2
-2	0	0	2
-4	-2	-2	0

これらの重みを $sl(2,\mathbf{C})$ の既約表現分解 (4.9 節) に従って並べると

```
 4
 2   2   2   2
 0   0   0   0   0
-2  -2  -2  -2
-4
```

となる．縦の列が $sl(2,\mathbf{C})$ の既約表現のベクトルの重みである．したがって $\mathfrak{g}=sl(4,\mathbf{C})$ は $\mathfrak{a}$ の表現空間として

$$\mathfrak{g}=V^5\oplus V^3\oplus V^3\oplus V^3\oplus V^1$$

と既約分解する．よって

$$(n_1,\cdots,n_5)=(3,5,1,3,3)$$

となる．他の場合も同様にして $D(\mathcal{O}_x)$ と，ルート系 Φ から n_i を求めることができる．

4.12 横断片とクライン特異点

$\mathfrak{g}$ を A, D, E 型とする．横断片 $\mathcal{S}$ への $\mathbf{C}^\times$ 作用によって次のことがわかる．

命題 4.12.1 $\mathcal{S}$ の各点 z において $\mathcal{S}$ は z の G 軌道 $\mathcal{O}_z$ と横断的に交わる．

証明

$$\begin{aligned} \nu: G \times \mathcal{S} &\longrightarrow \mathfrak{g} \\ (g, s) &\longmapsto g \cdot s \end{aligned}$$

とし，$\mathbf{C}^\times$ を $G \times \mathcal{S}$ に

$$\rho(t) \cdot (g, s) = (\lambda(t)^{-1} g \lambda(t), \mu(t) s) \quad (t \in \mathbf{C}^\times)$$

と作用させる（ここで λ, μ については 4.11 節で定義されたもので，$\lambda(t)$ は $\mathfrak{g}$ の随伴群の元とみている）．$\mu(t) = \sigma(t^2) \lambda(t^{-1})$ だったから

$$\begin{aligned} \nu(\rho(t) \cdot (g, s)) &= \lambda(t^{-1}) g \sigma(t^2) s \\ &= \lambda(t^{-1}) \sigma(t^2) g \cdot s \\ &= \mu(t) g \cdot s \end{aligned}$$

となる．つまり ν は ρ と μ による $\mathbf{C}^\times$ 作用に関して同変である．

いま $z \in \mathcal{S}$ において $\mathcal{O}_z$ と $\mathcal{S}$ が横断的に交わっているとしよう．

$$\nu(G \times \{z\}) = \mathcal{O}_z$$

である．$z' = \mu(t) z \ (t \in \mathbf{C}^\times)$ に対して

$$\begin{aligned} \mu(t) \mathcal{O}_z &= \nu(\rho(t)(G \times \{z\})) \\ &= \nu(\lambda(t)^{-1} G \lambda(t), \{\mu(t) z\}) \\ &= \mathcal{O}_{z'} \end{aligned}$$

$$\mu(t) \mathcal{S} = \mathcal{S}$$

4.12 横断片とクライン特異点

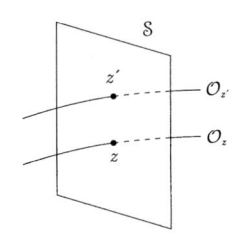

図 4.5

なので, z' において $\mathcal{S}$ は $\mathcal{O}_{z'}$ と横断的に交わる.

一方, 副正則巾零元 x の近傍で $\mathcal{S}$ は G 軌道と横断的に交わる. さらに μ による $\mathcal{S}$ への $\mathbf{C}^\times$ 作用の重みはすべて正だったので, $\mathcal{S}$ の任意の点はこの $\mathbf{C}^\times$ の作用で x の近傍に移せるので命題がいえた. 　　　　　　　　　証明終

系 4.12.2 随伴商の $\mathcal{S}$ への制限

$$\chi_\mathcal{S} : \mathcal{S} \longrightarrow \mathfrak{h}/W$$

は平坦射であって, O の逆像 $S = \chi_\mathcal{S}^{-1}(O)$ は, 副正則巾零元 x において孤立特異点をもつ曲面になる.

証明 命題 4.12.1 より $\mathcal{S}$ の各点において, その G 軌道と $\mathcal{S}$ は横断的に交わっていた. すなわち写像 $\nu : G \times \mathcal{S} \longrightarrow \mathfrak{g}$, $(g, x) \mapsto g \cdot x$ は滑らかである. ここで射 $f : X \to Y$ が滑らかであるとは, X の各点 x に対して開集合 $U (\ni x)$ がとれて $U \simeq \mathbf{C}^m \times f(U) \, (m = \dim X - \dim Y)$ となることである. したがって ν は平坦射である. 随伴商は平坦射であったので (定理 4.8.7) これらの合成 $\chi \circ \nu$ も平坦射である. この合成は $G \times \mathcal{S}$ から $\mathcal{S}$ への射影 p_2 と $\chi_\mathcal{S}$ の合成に分解する.

$$\begin{array}{ccccc} G \times \mathcal{S} & \xrightarrow{\nu} & \mathfrak{g} & \xrightarrow{\chi} & \mathfrak{h}/W \\ & {}_{p_2}\searrow & & \nearrow {}_{\chi_\mathcal{S}} & \\ & & \mathcal{S} & & \end{array}$$

p_2 は平坦射なので, $\chi_\mathcal{S}$ も平坦射となる.

$\mathcal{N}(\mathfrak{g}) = \chi^{-1}(O)$ なので (定理 4.8.4), $S = \mathcal{S} \cap \mathcal{N}(\mathfrak{g})$ である. 命題により $z \in S$ において $\mathcal{O}_z$ と $\mathcal{S}$ とは横断的に交わるので $\dim \mathcal{O}_z + \dim \mathcal{S} \geq \dim \mathfrak{g}$. $\dim \mathcal{S} = l + 2$ なので定理 4.6.2 より z は正則巾零元か副正則巾零元であり, $\dim S = 2$ である. 特に S の副正則巾零元の集合は 0 次元となるので, 有限個の孤立点となる. また $\mathcal{S}$ への $\mathbf{C}^\times$ 作用によって副正則巾零元は副正則巾零元に移されることと, $\mathbf{C}^\times$ 作用の重みはすべて正であることから, S の副正則巾零元は x のみであることがわかる. 一方, 定理 4.8.7 (4) より正則巾零元は $\mathcal{N}(\mathfrak{g})$ の非特異点であり, $\mathcal{S}$ は正則巾零軌道と横断的に交わるので, S の正則巾零元は S の非特異点である. したがって S に特異点があるとすれば x しかない. S が特異点をもつことを示そう.

随伴商 $\chi : \mathfrak{g} \to \mathfrak{h}/W$ は l 個の多項式 $\chi_1, \cdots, \chi_l$ で与えられていたので, $\chi_\mathcal{S} : \mathcal{S} \to \mathfrak{h}/W$ も $\mathcal{S}$ 上の多項式 $\bar\chi_i = \chi_i|_\mathcal{S}$ $(1 \leq i \leq l)$ で与えられる. 写像 $\chi_\mathcal{S} : \mathcal{S} \to \mathfrak{h}/W$ への $\mathbf{C}^\times$ 作用の重みは $(2d_1, \cdots, 2d_l ; n_1 + 1, \cdots, n_{l+2} + 1)$ であった (命題 4.11.1). 表 4.2 より $2d_l > n_i + 1$ $(i = 1, \cdots, l+2)$ なので, $s_1, \cdots, s_{l+2}$ を $\mathcal{S}$ の座標として
$$\frac{\partial \bar\chi_l}{\partial s_i}(0) = 0, \quad i = 1, \cdots, l+2$$
である. したがって S は特異点をもつ. 　　　　　　　　　　　証明終

曲面 S が孤立特異点を副正則巾零元 x にもつことがわかったが, これがクライン特異点であることを示すにはもう一工夫いる.

補題 4.12.3 　　d, w_1, w_2, w_3 を 3.5.2 節の表 3.5 で与えたものとする. $f \in \mathbf{C}[x, y, z]$ を $(d' ; w_1, w_2, w_3)$ 型の同次多項式とする. $f = 0$ で定義される $\mathbf{C}^3$ の曲面 S が孤立特異点をもつとすると $d' \geq d$ であるか, または D_5 型で $d' \geq 12$ であるかのいずれかが成り立つ.

証明 　　$w_1 \leq w_2 \leq w_3$ とし, x, y, z の重みをそれぞれ w_1, w_2, w_3 とする. S は孤立特異点をもつのだから, x, y, z のどれもが, f に現われなければならない. z の重みは w_3 なので $w_3 < d' < d$ となる場合を調べればよい.

$A_l : (d ; w_1, w_2, w_3) = (2l + 2 ; 2, l+1, l+1)$. 次数 d' $(l+1 < d' < 2l+2)$ の単項式は
$$x^{d'/2}, \quad x^{(d'-(l+1))/2} z, \quad x^{(d'-(l+1))/2} y$$

である. f がこれらの 1 次結合であるとすると, S は孤立特異点をもたない.
$D_{2n} : (d; w_1, w_2, w_3) = (8n-4; 4, 4n-4, 4n-2)$. $l = 2n$ である.
$w_3 = 4n - 2 < d' < 8n - 4$ として, 次数 d' の単項式は

$$x^{d'/4}, \quad x^{(d'-(4n-4))/4}y, \quad x^{(d'-(4n-2))/4}z$$

である. このほかに $d' = 8n - 6$ のとき yz, $d' = 8n - 8$ のとき y^2 が加わるが, いずれの場合でも孤立特異点はもち得ない.
$D_{2n+1} : (d; w_1, w_2, w_3) = (8n; 4, 4n-2, 4n)$. $l = 2n + 1$ $(n \geq 2)$ である.
$w_3 = 4n < d' < 8n$ として, 次数 d' の単項式は

$$x^{d'/4}, \quad x^{(d'-(4n-2))/4}y, \quad x^{(d'-4n)/4}z$$

である. このほかに $d' = 8n - 2$ のとき yz, $d' = 8n - 4$ のとき y^2 が加わる. $d' = 8n - 4$ 以外の時は孤立特異点をもたないことがすぐわかる.

$d' = 8n - 4$ のとき, 適当に係数を繰り込んで

$$\begin{aligned}f &= x^{2n-1} + x^{n-1}z + y^2 \\ &= x^{n-1}(x^n + z) + y^2\end{aligned}$$

とできる. $n > 2$ なら孤立特異点をもたない. $n = 2$ のとき,

$$\begin{aligned}f &= x(x^2 + z) + y^2 \\ &= XZ + y^2 \quad (X = x,\ Z = x^2 + z)\end{aligned}$$

と変数変換してやると S は原点に A_1 型のクライン特異点を孤立特異点としてもつ. このときは $d' = 12$ となる.

$E_6 : (d; w_1, w_2, w_3) = (24; 6, 8, 12)$, $E_7 : (d; w_1, w_2, w_3) = (36; 8, 12, 18)$, $E_8 : (d; w_1, w_2, w_3) = (60; 12, 20, 30)$ についても同様に, $w_3 < d' < d$ を満たす同次式であって孤立特異点をもつものがないことが, 簡単な場合分けでわかる. 　　　　　　　　　　　　　　　　　証明終

もう 1 つ補題が必要である.

補題 4.12.4

$$\chi_S : S \longrightarrow \mathfrak{h}/W$$

の微分 $d\chi_S$ は副正則巾零元 x において階数が $l-1$ となる．

$$\mathrm{rank}(d\chi_S)_x = l-1$$

証明 $\chi_S = (\phi_1, \cdots, \phi_l)$ とする．χ_S は $\mathbf{C}^{l+2}$ から $\mathbf{C}^l$ への，重み

$$(2d_1, \cdots, 2d_l; n_1+1, \cdots, n_{l+2}+1), \quad n_i+1 = 2d_i \quad (1 \leq i \leq l-1),$$

の $\mathbf{C}^\times$ 写像であったので (命題 4.11.1)，ϕ_i は $(2d_i; n_1+1, \cdots, n_{l+2}+1)$ 型の重み付き同次多項式である．表 3.5 と表 4.2 の関係 (4.11 節参照)

(1) $n_i = 2d_i - 1 \quad (i \leq l-1)$
(2) $\delta_i = 2d_i = n_i + 1 \quad (i \leq l-1), \quad \delta_l = 2d_l, \quad w_i = n_{l+i-1}+1$
 $(i=1,2,3)$

を思いだそう．$d_1 \leq \cdots \leq d_l$ としておく．

表 4.2 の重みに対応する S の座標を $x_1, \cdots, x_{l+2}$ とし，$\mathfrak{h}/W$ の座標を $y_1, \cdots, y_l$ とする．副正則巾零元は原点である．表 4.2 より $n_i+1 < 2d_l$ ($1 \leq i \leq l+2$) であることがわかるので

$$\frac{\partial \phi_l}{\partial x_i}(0) = 0 \quad (1 \leq i \leq l+2)$$

したがって

$$\mathrm{rank}(d\chi_S)_x = s < l$$

である．ϕ_i は

$$\begin{aligned}
\phi_i &= L_i + M_i \\
L_i &= \text{重み } 2d_i \text{ の変数の 1 次式} \\
M_i &= \text{重み } 2d_i \text{ より小さい変数の多項式}
\end{aligned} \quad (4.11)$$

4.12 横断片とクライン特異点

と書ける. $L_i = \sum a_{ij} x_j$ とすると, 係数を並べた行列 $A = (a_{ij})$ の階数は s である. したがって $L_1, \cdots, L_l$ の中から適当な s 個の元

$$\mathcal{L} = \{L_j | j \in I\} \qquad (I = \{i_1, \cdots, i_s\})$$

を選ぶと, 他の L_i は, $\mathcal{L}$ の重み $2d_i$ の元の 1 次結合で書けるので

$$L_i = \sum_{j \in I} b_{ij} L_j \qquad (i \notin I)$$

$L_i \, (i \in I)$ に適当に変数 x_i を付け加えて, 新たに S の重み付き座標としたものを, 改めて $x_1, \cdots, x_{l+2}$ とする. ただし x_i の重みは $n_i + 1$, $x_i = L_i \, (i \in I)$ とする.

$$\phi_i' = \begin{cases} \phi_i & (i \in I) \\ \phi_i - \sum_{j \in I} b_{ij} \phi_j & (i \notin I) \end{cases} \qquad (4.12)$$

とすると, 式(4.11), (4.12)より

$$\phi_i' = \begin{cases} x_i + f_i & (i \in I) \\ f_i & (i \notin I) \end{cases} \qquad (4.13)$$

と書ける. ただし, f_i は重みが $2d_i$ より小さい変数の多項式である.

さらに

$$x_i' = \begin{cases} \phi_i' & (i \in I) \\ x_i & (i \notin I) \end{cases}$$

とすると, $x_1', \cdots, x_{l+2}'$ は S の新たな重み付き座標となる. なぜなら, $i \in I$ のとき, $x_i = \phi_i' - f_i = x_i' - f_i$ であるが, f_i は重みが $2d_i$ より小さい変数の多項式なので, 以下順次, 次数を下げていって, $x_1, \cdots, x_{l+2}$ を $x_1', \cdots, x_{l+2}'$ の多項式で書くことができるからである. f_i をこれらの変数で書き直した多項式を g_i と書くことにする.

$s < l - 1$ と仮定しよう. $k = \min\{i | i \notin I, 1 \leq i \leq l+2\}$ とすると, 式(4.13)より $\phi_k' = g_k$ は重みが $2d_k$ より小さい変数の多項式になるの

で, 重み $2d_{k+1}, \cdots, 2d_{l-1}$ の変数は含まない. さらに χ_S は平坦射であったので, $x'_1 = \cdots = x'_{k-1} = 0$ としたとき $g_k \neq 0$ であって, $(2d_k; w_1, w_2, w_3) = (2d_k; n_l + 1, n_{l+1} + 1, n_{l+2} + 1)$ 型の重み付き同次多項式になる. $d_k < d_l$ なので補題 4.12.3 より, $\phi'_k{}^{-1}(0)$ の特異点集合と, $x'_1 = \cdots = x'_{k-1} = 0$ すなわち $\phi'_1 = \cdots = \phi'_{k-1} = 0$ で定義される集合 H との共通部分は, D_5 以外であれば $l - k + 1$ 次元以上ある. $\chi_S^{-1}(0)$ は $H \cap \phi'_k{}^{-1}(0)$ と $l - k$ 個の超曲面 $\phi'_i{}^{-1}(0)$ $(k + 1 \leq i \leq l)$ との共通部分なので, その特異点集合は少なくとも 1 次元以上となり, 系 4.12.2 に反する. よって $s = l - 1$ である.

D_5 の場合, χ_S は重み

$$(4, 8, 10, 12, 16\,;\,4, 8, 10, 12, 4, 6, 8)$$

の $\mathbf{C}^\times$ 写像である. 再び補題 4.12.3 により, ϕ'_{s+1} は ϕ_4 としてよい (その他の場合は上と同じ議論で矛盾が導ける). ϕ_4 の次数は 12 なので,

$$\phi_4 = ax^{(12)} + (\text{重み 12 より小さい変数の多項式}), \quad x^{(12)} \text{は重み 12 の変数}$$

としたとき, $s < l - 1$ なら $a = 0$ となり, $\phi^{-1}(0)$ は $x^{(12)}$ 軸を特異点集合として含んでしまい, 系 4.12.2 に反する. よって $s = l - 1$ が得られる. 証明終

4.13 横断片とクライン特異点 (続き)

横断片 S から $\mathfrak{h}/W$ への写像のファイバー $S = \chi_S^{-1}(0)$ が, 副正則巾零元において, 対応する型のクライン特異点をもつことを示そう.

定理 4.13.1 $S = \chi_S^{-1}(0)$ は副正則巾零元において, 対応する型のクライン特異点をもつ.

証明 補題 4.12.4 の証明中の記号を使う. 補題 4.12.4 より, 副正則巾零元 x での, $d\chi_S$ の階数は $l - 1$ である. したがって補題 4.12.4 の証明にあるように χ_S は

$$(x_1, \cdots, x_{l+2}) \mapsto (x_1, \cdots, x_{l-1}, \phi_l(x))$$

という形をしているとしてよい. χ_S は重み

$$(2d_1, \cdots, 2d_l\,;\, n_1+1, \cdots, n_{l+2}+1), \quad 2d_i = n_i + 1 \quad (1 \leq i \leq l-1)$$

の $\mathbf{C}^\times$ 写像であって (命題 4.11.1), $n_i + 1 < 2d_l\,(1 \leq i \leq l+2)$ なので, $x_1, \cdots, x_{l-1}$ の重みは $n_1+1 = 2d_1, \cdots, n_{l-1}+1 = 2d_{l-1}$ である. $S = \chi_S^{-1}(0)$ は $\phi_l(0, \cdots, 0, x_l, x_{l+1}, x_{l+2}) = 0$ で定義されるので, S は $\mathbf{C}^3$ のなかで, 次数 $2d_l$, 重み $(n_l+1, n_{l+1}+1, n_{l+2}+1)$ の重み付き同次多項式 f で定義された曲面になる.

以下 $\mathfrak{g}$ の型ごとに調べよう. f の変数の重みをそれぞれ $(w_1, w_2, w_3) = (n_l+1, n_{l+1}+1, n_{l+2}+1)$ とする. S は孤立特異点をもつので (系 4.12.2), x, y, z はどれも f に現れる.

$A_{2n}: (2d_l\,;\,w_1, w_2, w_3) = (4n+2\,;\,2, 2n+1, 2n+1)$. f の項には

$$x^{2n+1},\ y^2,\ z^2,\ yz$$

が現れうる. $ax^{2n+1} + by^2 + cz^2 + dyz = 0$ が孤立特異点をもつためには, $by^2 + cz^2 + dyz$ が非退化でなければならない. すなわち 1 次式の平方であってはならない. よって $by^2 + cz^2 + dyz = YZ\,(Y, Z$ は異なる 1 次式$)$ と分解すれば, 係数を適当に繰り込んで

$$f = x^{2n+1} + yz$$

と書ける.

$A_{2n-1}: (2d_l\,;\,w_1, w_2, w_3) = (4n\,;\,2, 2n, 2n)$. f の項には

$$x^{2n},\ x^n y,\ x^n z,\ y^2,\ z^2,\ yz$$

が現れうる. $n=1$ なら f は x, y, z の非退化 2 次形式となるから

$$x^2 + y^2 + z^2 \text{ または } x^2 + yz$$

と書ける.

$n \geq 2$ のとき

$$f = ax^{2n} + bx^n y + cx^n z + dy^2 + eyz + gz^2$$

とする.後ろの 3 項を $y^2 + z^2$ に変換し,y, z をそれぞれ $y + \alpha x^n, z + \beta x^n$ としてやると,

$$f = ax^{2n} + y^2 + z^2$$

の形となる.

D_{2n+1} $(n \geq 2) : (2d_l ; w_1, w_2, w_3) = (8n ; 4, 4n-2, 4n)$. f の項には

$$x^{2n}, \ xy^2, \ x^n z, \ z^2$$

が現れうる.xy^2 と z^2 は必要な項である.z を適当な α で $z + \alpha x^n$ に変換して $x^n z$ の項を消せる.したがって

$$f = x^{2n} + xy^2 + z^2$$

となる.

D_{2n} $(n > 2) : (2d_l ; w_1, w_2, w_3) = (8n - 4 ; 4, 4n-4, 4n-2)$. f の項には

$$x^{2n-1}, \ xy^2, \ x^n y, \ z^2$$

が現れうる.x^{2n-1}, xy^2, z^2 は必要な項である.y を $y + \alpha x^{n-1}$ と変換して $x^n y$ の項を消せるので

$$f = x^{2n-1} + xy^2 + z^2$$

の形となる.

$D_4 : (2d_l ; w_1, w_2, w_3) = (12 ; 4, 4, 6)$. f の項には

$$x^3, \ x^2 y, \ xy^2, \ y^3, \ z^2$$

が現れうる.

$$f = z^2 + g(x, y), \quad g(x, y) \text{ は } x, y \text{ の 3 次同次式}$$

とする．孤立特異点をもつためには，g を 3 つの 1 次同次式の積に分解したとき，各因子は異ならなければならない．したがって

$$f = z^2 + x(x^2 + y^2)$$

とできる．

$E_6 : (2d_l\,;\, w_1, w_2, w_3) = (24\,;\, 6\,;\, 8\,;\, 12)$．$f$ の項には

$$x^4,\ x^2z,\ y^3,\ z^2$$

が現れうる．z を $z + \alpha x^2$ として x^2z を消せるので

$$f = x^4 + y^3 + z^2$$

となる．

$E_7 : (2d_l\,;\, w_1, w_2, w_3) = (36\,;\, 8, 12, 18)$．$f$ の項には

$$x^3y,\ y^3,\ z^2$$

のみが現れるので

$$f = x^3y + y^3 + z^2$$

である．

$E_8 : (2d_l\,;\, w_1, w_2, w_3) = (60\,;\, 12, 20, 30)$．$f$ の項には

$$x^5, y^3, z^2$$

のみが現れるので

$$f = x^5 + y^3 + z^2$$

である． 証明終

4.14 他のファイバー $\chi_S^{-1}(\bar{h})$

ファイバー $\chi_S^{-1}(0)$ はクライン特異点をもっていた．他のファイバーはどのような特異点をもつであろうか．この節では，他のファイバーに現れる特異点に関してもルート系によるきれいな階層構造があることを，かいつまんで紹介する．詳細については [44] を参照していただきたい．

まず，χ のファイバーがどのような構造をもつか調べてみよう．

$$\chi : \mathfrak{g} \longrightarrow \mathfrak{h}/W$$

を随伴商とし，$x = x_s + x_n \in \mathfrak{g}$ をジョルダン分解とすると，定理 4.8.4 により $\chi(x) = \chi(x_s)$ である．x_s はカルタン部分環の元に共役だから $x_s = h \in \mathfrak{h}$ としてよい．h の中心化環 $\mathfrak{z}_\mathfrak{g}(h)$ の巾零元全体を $\mathcal{N}_h$ とすると $x_n \in \mathcal{N}_h$ である．($\mathfrak{z}_\mathfrak{g}(h)$ は以下でみるように簡約リー環となり，中心と半単純リー環 $[\mathfrak{z}_\mathfrak{g}(h), \mathfrak{z}_\mathfrak{g}(h)]$ の直和になっている．単純リー環に対しての巾零元の定義をそのまま簡約リー環にあてはめると，中心の元も巾零元となってしまい具合が悪い．そこで，簡約リー環 $\mathfrak{g}$ の元 x が巾零元であるとは，$\mathrm{ad}x$ が巾零であって，かつ $x \in [\mathfrak{g}, \mathfrak{g}]$ であるときをいうことにする．) $\bar{h} = \chi(h) \in \mathfrak{h}/W$ とすると，

$$\chi^{-1}(\bar{h}) = G \cdot (h + \mathcal{N}_h)$$

である．随伴作用における h の固定化群を $Z_G(h)$ と書く．$\mathcal{N}_h$ をファイバーとする主 $Z_G(h)$ 束 $G \longrightarrow G/Z_G(h)$ の同伴ファイバー束を

$$G \times_{Z_G(h)} \mathcal{N}_h = \{(g,n) \in G \times \mathcal{N}_h\}/\sim$$
$$(g,n) \sim (g',n') \Leftrightarrow \exists c \in Z_G(h), (g',n') = (gc, c^{-1}n)$$

とすると，写像

$$G \times_{Z_G(h)} \mathcal{N}_h \ni \overline{(g,n)} \mapsto \mathrm{Ad}(g)(h+n) \in \chi^{-1}(\bar{h})$$
$$((g,n) \in G \times \mathcal{N}_h \text{の同値類を} \overline{(g,n)} \text{と書いた})$$

により，G の作用に関して同変な同型

$$\chi^{-1}(\bar{h}) \simeq G \times_{Z_G(h)} \mathcal{N}_h \tag{4.14}$$

が得られる．

この同型によって $\chi^{-1}(\bar{h})$ 内の G 軌道 $G \cdot (h + x_n)$ は，h の G 軌道 $G \cdot h \simeq G/Z_G(h)$ 上のファイバー束となり，そのファイバーは $\mathfrak{z}_\mathfrak{g}(h)$ における巾零軌道 $Z_G(h) \cdot x_n$ であることがわかる．つまり $G \cdot (h + x_n)$ はジョルダン分解 $h + x_n$ に対応して，底空間 $G \cdot h$ とファイバー $Z_G(h) \cdot x_n$ に分解している．

横断片 $\mathcal{S}$ の点 x において，$\mathcal{S}$ は G 軌道 $G \cdot x$ と横断的に交わっていた (定理 4.12.1)．上の議論より，リー環 $\mathfrak{z}_\mathfrak{g}(h)$ の中で，x_n において $Z_G(h)$ 軌道 $Z_G(h) \cdot x_n$ の横断片 $\mathcal{S}_h$ をとれば，局所的に $\mathcal{S} \cap \chi^{-1}(\bar{h})$ と $\mathcal{S}_h \cap \mathcal{N}_h$ が同型になる．

そこで話は $\mathfrak{g}$ の部分リー環 $\mathfrak{z}_\mathfrak{g}(h)$ に帰着されたわけだが，$\mathfrak{z}_\mathfrak{g}(h)$ は簡約リー環というものになっていることが知られている．これは半単純リー環 (単純リー環の直和) に中心を付け加えたものである．

定義 4.14.1 リー環 $\mathfrak{g}$ の随伴表現が完全可約であるとき $\mathfrak{g}$ を簡約リー環という．この定義は

$$\mathfrak{g} = \mathfrak{c} \oplus [\mathfrak{g}, \mathfrak{g}]$$
$$\mathfrak{c} = \{x \in \mathfrak{g} \mid [x, \mathfrak{g}] = 0\} \quad (\mathfrak{g} \text{ の中心})$$
$$[\mathfrak{g}, \mathfrak{g}] = \{[x, y] \text{ の形の元の有限和}, x, y \in \mathfrak{g}\}$$

と分解したとき，$[\mathfrak{g}, \mathfrak{g}]$ が半単純であることと同値である．

簡約リー環の代表例は $gl(n, \mathbf{C})$，すなわち n 次行列全体に $[A, B] = AB - BA$ で括弧積を入れたリー環である．

$$gl(n, \mathbf{C}) = \mathbf{C} I_n \oplus sl(n, \mathbf{C})$$

である．簡約リー環は，中心の部分を除けば半単純リー環と同じである．

定理 4.14.2 ([3]13節参照) $\mathfrak{h}$ の元 h に対して

$$\Phi_h = \{\alpha \in \Phi \mid \alpha(h) = 0\}$$

とすると Φ_h はルート系になり

$$\mathfrak{z}_\mathfrak{g}(h) = \mathfrak{h} \oplus \sum_{\alpha \in \Phi_h} \mathfrak{g}_\alpha \qquad (4.15)$$

と分解する. $\mathfrak{z}_\mathfrak{g}(h)$ は簡約リー環となり,その階数は $\mathfrak{g}$ の階数と等しい.

$$\mathfrak{c} = \{x \in \mathfrak{h} \mid \alpha(x) = 0, \forall \alpha \in \Phi_h\}$$
$$\mathfrak{h}' = \sum_{\alpha \text{は} \Phi_h \text{の単純ルート}} \mathbf{C} h_\alpha, \quad h_\alpha \text{は} \alpha \text{に対応する} \mathfrak{h} \text{の元} ([22]\,8.2\,節参照)$$

とすると

$$\mathfrak{z}_\mathfrak{g}(h) = \mathfrak{c} \oplus \mathfrak{h}' \oplus \sum_{\alpha \in \Phi_h} \mathfrak{g}_\alpha$$

であって, $\mathfrak{c}$ は中心,

$$\mathfrak{g}' = \mathfrak{h}' + \sum_{\alpha \in \Phi_h} \mathfrak{g}_\alpha$$

が半単純成分となり, $x_n \in \mathfrak{g}'$ である. 半単純リー環は単純リー環の直和になるので

$$\mathfrak{g}' = \mathfrak{g}'_1 \oplus \cdots \oplus \mathfrak{g}'_k, \quad \mathfrak{g}'_i \text{は単純リー環}$$

とすると,次は明らかであろう.

補題 4.14.3 $x_n = x_n^{(1)} + \cdots + x_n^{(k)}$ ($x_n^{(i)} \in \mathfrak{g}'_i$) とするとき, x_n が $\mathfrak{g}'$ の副正則巾零元 (すなわち中心化環の次元が $\mathfrak{g}'$ の階数+2) であることと,ある i に対して $x_n^{(i)}$ は $\mathfrak{g}'_i$ の副正則巾零元であって, $j \neq i$ に対して $x_n^{(j)}$ は $\mathfrak{g}'_j$ の正則巾零元となることとは同値である.

4.14 他のファイバー $\chi_S^{-1}(\bar{h})$

さて x が曲面 $\chi_S^{-1}(\bar{h}) = \chi^{-1}(\bar{h}) \cap S$ の特異点だったとしよう. 系 4.12.2 の証明と同様に, x は副正則元であることがわかる.

$$Z_G(x) = Z_{Z_G(h)}(x_n)$$

なので $\mathfrak{z}_\mathfrak{g}(h)$ における x_n の中心化環 $\mathfrak{z}_{\mathfrak{z}_\mathfrak{g}(h)}(x_n)$ の次元は

$$\dim \mathfrak{z}_{\mathfrak{z}_\mathfrak{g}(h)}(x_n) = l + 2$$

定理 4.14.2 より, $\operatorname{rank} \mathfrak{z}_\mathfrak{g}(h) = l$ なので x_n は $\mathfrak{z}_\mathfrak{g}(h)$ の副正則巾零元になる. したがって x_n は $\mathfrak{g}'$ の副正則巾零元となる.

補題 4.14.3 において, $x_n^{(1)}$ が $\mathfrak{g}_1'$ の副正則巾零元で, $x_n^{(i)}$ $(i \geq 2)$ は $\mathfrak{g}_i'$ の正則巾零元であるとしよう. $\mathfrak{g}_i'$ の随伴群を G_i' とし, S_1 を $\mathfrak{g}_1'$ における $x_n^{(1)}$ の G_1' 軌道の横断片とすると, $S_1 + x_n^{(2)} + \cdots + x_n^{(k)}$ は, x_n の $Z_G(h)$ 軌道の横断片となる. したがって x_n において, $\mathfrak{g}_1'$ のディンキン図形と同じ型のクライン特異点をもつのである. $\mathfrak{g}_i'$ のディンキンの図形は, $\mathfrak{g}$ のディンキン図形の部分図形になっている. χ_S のファイバーの特異点はディンキン図形によって次のように特徴づけられる.

定理 4.14.4 $\mathfrak{g}$ を A, D, E 型とする. $h \in \mathfrak{h}$ に対して $\mathfrak{z}_\mathfrak{g}(h)$ のルート系を Φ_h (定理 4.14.2) とし,

$$\Phi_h = \Phi_1 \cup \cdots \cup \Phi_h$$

を Φ_h の既約ルート系への分解とすると, $\chi_S^{-1}(\bar{h})$ $(h \in \mathfrak{h}, \bar{h} = \chi(h))$ は Φ_i $(1 \leq i \leq k)$ の型に対応するクライン特異点をただ 1 つずつもつ. 逆に, $\mathfrak{g}$ のディンキン図形の部分図形に対して, $\mathfrak{h}$ の元 h であって, ファイバー $\chi_S^{-1}(\bar{h})$ が, この部分図形の各既約成分に対応するクライン特異点をもつものが存在する.

例 4.14.5 次節で S は, ファイバー $\chi_S^{-1}(O)$ のクライン特異点の半普遍変形を与えることが示される. 例 3.5.6 では A_{n-1} 型クライン特異点の半普遍変形のファイバーに現れる特異点は, n の分割に対応した A 型クライン特異点であることをみた. これは, ちょうど A_{n-1} 型のディンキン図形の部分図形に対応しているのである.

4.15 半普遍変形 S

前節の結果を用いて, 横断片 S が, ファイバー $\chi_S^{-1}(O)$ のクライン特異点の半普遍変形を与えることを示そう. 次の定理はクライン特異点, ルート系, リー環が構造的に深くつながっていることを示す定理である. 例は 4.10 節および例 3.5.6 を参照していただきたい.

定理 4.15.1 A, D, E 型の複素単純リー環 $\mathfrak{g}$ のカルタン部分環を $\mathfrak{h}$ とし, そのルート系を Φ, ワイル群を W とする. $\mathfrak{g}$ の副正則巾零元 x を含む sl_2 トリオを x, h, y とする. 随伴商 $\chi : \mathfrak{g} \to \mathfrak{h}/W$ を横断片 $S = x + \mathfrak{z}_\mathfrak{g}(y)$ に制限すると

$$\chi_S : S \longrightarrow \mathfrak{h}/W$$

はクライン特異点 $(\chi_S^{-1}(O), x)$ の半普遍変形を与える.

証明 $X_0 = \chi_S^{-1}(O)$ とおき,

$$\pi : X \longrightarrow T, \quad X_0 = \pi^{-1}(O)$$

を X_0 の半普遍変形とする. 3.5.2 節, 4.11 節より, π は重み $(2d_1, \cdots, 2d_l ; n_1+1, \cdots, n_{l+2}+1)$ をもった $\mathbf{C}^\times$ 写像であった. 実はこれが $\mathbf{C}^\times$ 半普遍変形を与えることが知られている ([46] 2.5 節). $\mathbf{C}^\times$ 半普遍変形とは, 半普遍性の定義において, 解析空間を $\mathbf{C}^\times$ 作用のある解析空間に, 射を $\mathbf{C}^\times$ 写像の射として得られる半普遍性をもった変形のことである. 一方 χ_S も同じ重みをもつ $\mathbf{C}^\times$ 写像なので (命題 4.11.1), 下図を可換にする $\mathbf{C}^\times$ 写像 Ψ, ψ が存在する.

$$\begin{array}{ccc} S & \xrightarrow{\Psi} & X \\ \chi_S \downarrow & & \downarrow \pi \\ \mathfrak{h}/W & \xrightarrow{\psi} & T \end{array}$$

ψ は重み $(2d_1, \cdots, 2d_l ; 2d_1, \cdots, 2d_l)$ をもった $\mathbf{C}^\times$ 写像である. $X_0 = \pi^{-1}(O)$ であり, 図式は可換なので

$$\chi_s^{-1}(\bar{h}) \simeq X_0, \quad \bar{h} \in \psi^{-1}(O)$$

である．定理 4.14.4 により，このような $\bar{h}$ は $\bar{0}$ に限る．

$$\psi^{-1}(O) = \bar{O}$$

したがって次の補題により ψ は $\mathbf{C}^\times$ 同型写像になる． 証明終

補題 4.15.2 $f : \mathbf{C}^n \to \mathbf{C}^n$ を重み $(d_1, \cdots, d_n; d_1, \cdots, d_n)$ をもつ，重み付 $\mathbf{C}^\times$ 写像とする．このとき $d_i > 0 \, (1 \leq i \leq n)$ であって $\dim f^{-1}(O) = O$ ならば f は同型写像となる．

証明 f が同型でなければ $\mathrm{rank}(df)_O < n$ である．補題 4.12.4 の証明と同様にして，$\mathrm{rank}(df)_O = 0$ として考えてよい．$d_1 \leq \cdots \leq d_n$ とする．$f = (f_1, \cdots, f_n)$ (f_i は多項式) とすると $\mathrm{rank}(df)_O = 0, d_1 \leq d_i$ なので $f_1 = 0$ でなければならない．これは $\dim f^{-1}(O) = 0$ であることに反する． 証明終

4.16 巾零多様体の特異点解消

1960 年代の代数群の研究の発展期に，代数群の共役類の研究が進められ，その結果はリー型の有限群の構造論や表現論に大きく貢献した．本書でも共役類の研究の結果の一部を，いろいろなところで用いてきたが，ここではさらにもう 1 つ重要な発見を取り上げよう．それはシュプリンガーによる巾零多様体 $\mathcal{N}(\mathfrak{g})$ の特異点解消である．これはワイル群の表現論に重要な役割を果たすが，われわれのテーマにとっても重要である．

$\chi : \mathfrak{g} \to \mathfrak{h}/W$ を随伴商とすると，

$$\mathcal{N}(\mathfrak{g}) = \chi^{-1}(O)$$

である．定理 4.8.1 より χ は l 個の代数的に独立な同次多項式 $\chi_1, \cdots, \chi_l$ で与えられるから，$\mathcal{N}(\mathfrak{g})$ は，これらの多項式の共通零点として与えられる．χ_i は次数 $m_i + 1$ の同次式なので (4.8 節)，$\mathcal{N}(\mathfrak{g})$ は $\mathbf{C}^\times$ 作用で保たれ (4.11 節)，

この作用によって錐となっている ($sl(2,\mathbf{C})$ の場合については 4.7 節参照).

$\mathcal{N}(\mathfrak{g})$ の特異点は複雑な構造をもっており,まだよく解明されていない.しかし,その特異点のうちの一般的 (generic) なところには,以下に述べるようにクライン特異点が現れることが知られている.さらにこれら $\mathcal{N}(\mathfrak{g})$ の特異点の同次特異点解消を群論的に構成することができる.$\mathcal{N}(\mathfrak{g})$ の特異点の全体的な理解には,この特異点解消のファイバーの研究が必要だが,残念ながらいくつかの一般論が知られているだけで,解明には至っていない.

$\mathfrak{g}$ を複素単純リー環,$\mathcal{N}(\mathfrak{g})$ を巾零多様体とする.$\mathfrak{g}$ の極大可解部分環をボレル部分環という.ここで,リー環 $\mathfrak{a}$ が可解であるとは,イデアルの列

$$\mathfrak{a}^{(0)} = \mathfrak{a}, \quad \mathfrak{a}^{(i)} = [\mathfrak{a}^{(i-1)}, \mathfrak{a}^{(i-1)}]$$

をとったとき,ある k に対して $\mathfrak{a}^{(k)} = \{0\}$ となるときをいう.

例 4.16.1 $\mathfrak{g} = sl(l+1, \mathbf{C})$ のとき,上半3角行列全体

$$\mathfrak{b} = \{X = (x_{ij}) \in \mathfrak{g} \mid x_{ij} = 0 \quad (i > j)\}$$

はボレル部分環である.

ボレル部分環はカルタン部分環と同様,G の随伴作用によって互いに共役である.すなわち

定理 4.16.2 (1) 複素単純リー環のボレル部分環は,随伴群 G の作用で互いに共役である.

(2) ボレル部分環 $\mathfrak{b}$ に対して

$$B = \{g \in G \mid g \cdot (\mathfrak{b}) \subset \mathfrak{b}\}$$

は G のボレル部分群であって,B のリー環は $\mathfrak{b}$ となる.

ここでボレル部分群とは，連結複素単純リー群 G の極大可解連結リー部分群のことである．$G = SL(n, \mathbf{C})$ であれば上半三角行列全体のなす G の部分群がそうである．ボレル部分群は，G の構造を知る上で重要な部分群である．

$\mathfrak{g}$ のボレル部分環全体を $\mathcal{B}$ で表そう．$\mathcal{B}$ には $\mathfrak{g}$ の随伴群 G が推移的に作用する (定理 4.16.2)．ボレル部分環 $\mathfrak{b}$ に対応するボレル部分群 B を 1 つ決めると，対応 $gB \mapsto g \cdot \mathfrak{b}$ により，G/B の元と $\mathcal{B}$ の元とは 1 対 1 に対応する．この対応によって $\mathcal{B}$ には G の等質空間としての複素多様体の構造が入る．これは射影多様体となり，コンパクトな多様体である．

例 4.16.3 $G = SL(l+1, \mathbf{C}), \mathfrak{g} = sl(l+1, \mathbf{C})$. $n = l + 1$ として

$$V = \mathbf{C}^n, \quad e_i = (0, \cdots, 0, \overset{i}{1}, 0 \cdots, 0), \quad 1 \leq i \leq n$$

とする．V の部分空間の列

$$F = (V_1, \cdots, V_n)$$
$$\dim V_i = i, \quad V_i \subset V_{i+1}$$

を V の旗 (flag) という．旗全体の集合を $\mathcal{F}$ と書こう．1 つの旗を固定する

$$F_0 = (V_1, \cdots, V_n)$$
$$V_i = \langle e_1, \cdots, e_i \rangle : e_1, \cdots, e_i \text{ で張られる部分空間}$$

$\mathfrak{g}$ の元 A は行列として，$\mathcal{F}$ に

$$F = (V_1, \cdots, V_n) \mapsto A(F) = (A(V_1), \cdots, A(V_n))$$

と作用する．$A(V_i) \subset V_i (1 \leq i \leq n)$ のとき $A(F) \subset F$ と書くことにしよう．

$$\mathfrak{b}_0 = \{ A \in \mathfrak{g} \mid A(F_0) \subset F_0 \}$$

は $\mathfrak{g}$ の上半 3 角行列全体であり，$\mathfrak{g}$ のボレル部分環になる．

$\mathcal{F}$ には $G = SL(n, \mathbf{C})$ が

$$F = (V_1, \cdots, V_n) \mapsto g(F) = (g(V_1), \cdots, g(V_n)) \qquad (g \in G)$$

と推移的に作用している．

$$\mathfrak{b} = \{A \in \mathfrak{g} \mid A(F) \subset F\} \in \mathcal{B}$$

とすると，$g(F_0) = F$ であることと $g \cdot (\mathfrak{b}_0) = g\mathfrak{b}_0 g^{-1} = \mathfrak{b}$ であることは同値なので，この対応により $\mathcal{B}$ の元と $\mathcal{F}$ の元とは1対1対応する．$\mathcal{F}$ のことを旗多様体という．

$sl(n, \mathbf{C})$ の巾零元 n は，固有値がすべて 0 のジョルダン標準形 n_0 をもつ．$n_0 \in \mathfrak{b}_0$ なので，n は，あるボレル部分環に含まれる．このことは他の型の単純リー環でも成り立つ．

定理 4.16.4 複素単純リー環 $\mathfrak{g}$ のボレル部分環を $\mathfrak{b}$ とする．
(1) $\mathfrak{b}$ は $\mathfrak{g}$ のカルタン部分環 $\mathfrak{h}$ を含む．$\mathfrak{h}$ に関するルート系を Φ とし，適当にその基底を決めると，$\mathfrak{b}$ は次のようにルート空間に分解する．

$$\begin{aligned}\mathfrak{b} &= \mathfrak{h} + \mathfrak{n} \qquad (\mathfrak{n} \text{ は } \mathfrak{b} \text{ の巾零元全体}) \\ &= \mathfrak{h} + \sum_{\alpha \in \Phi^+} \mathfrak{g}_\alpha \qquad (\Phi^+ \text{ は正ルートの集合})\end{aligned}$$

(2) n を $\mathfrak{g}$ の巾零元とすると，次の条件を満たすボレル部分環 $\mathfrak{b}$ がある．

$$n \in \mathfrak{n}, \quad \mathfrak{b} = \mathfrak{h} + \mathfrak{n} \quad ((1) \text{ の分解})$$

(3) $\mathfrak{g}$ の元 x が正則巾零元であることと，x が，ただ1つのボレル部分環に含まれることとは同値である．このとき，

$$x \in \mathfrak{b} = \mathfrak{h} + \mathfrak{n} = \mathfrak{h} + \sum_{\alpha \in \Phi^+} \mathfrak{g}_\alpha$$

として，$x = h + \sum c_\alpha e_\alpha \, (h \in \mathfrak{h}, e_\alpha \in \mathfrak{g}_\alpha)$ と書くと，α が単純ルートなら $c_\alpha \neq 0$ である．

この定理の (3) が, $\mathcal{N}(\mathfrak{g})$ の特異点解消のキーポイントである.

$$\widetilde{\mathcal{N}}(\mathfrak{g}) = \{(x, \mathfrak{b}) \in \mathcal{N}(\mathfrak{g}) \times \mathcal{B} \mid x \in \mathfrak{b}\}$$

としよう. つまり, 各巾零元 x に対して, x を含むボレル部分環の分だけ $\mathcal{N}(\mathfrak{g})$ を膨らませるのである.

ボレル部分環 $\mathfrak{b}$ をリー環としてもつ G のボレル部分群を B とする. $\mathfrak{b} = \mathfrak{h} + \mathfrak{n}$ を定理 4.16.4(1) の分解とする. 主 B 束

$$G \to G/B \simeq \mathcal{B}$$

の同伴ベクトル束

$$G \times_B \mathfrak{n} = \{(g, x) \in G \times \mathfrak{n}\} / \sim$$
$$(g, x) \sim (g', x') \Leftrightarrow g' = gb, x' = b^{-1} \cdot x, b \in B$$

を考えると, 対応

$$G \times_B \mathfrak{n} \ni (g, x) \mapsto (g \cdot x, g \cdot \mathfrak{b}) \in \widetilde{\mathcal{N}}(\mathfrak{g})$$

は同型となる. ここで第 1 成分への射影

$$\begin{aligned} p: \quad \widetilde{\mathcal{N}}(\mathfrak{g}) &\longrightarrow \mathcal{N}(\mathfrak{g}) \\ (x, \mathfrak{b}) &\mapsto x \end{aligned}$$

をとると, これは $\mathcal{N}(\mathfrak{g})$ の特異点解消となるのである.

定理 4.16.5

$$p: \widetilde{\mathcal{N}}(\mathfrak{g}) \longrightarrow \mathcal{N}(\mathfrak{g})$$

は $\mathcal{N}(\mathfrak{g})$ の特異点解消になる.

略証 $\widetilde{\mathcal{N}}(\mathfrak{g}) \simeq G \times_B \mathfrak{n}$ は G/B 上のベクトル束で, 次元が $\mathcal{N}(\mathfrak{g})$ と等しい非特異多様体である. また p は第 1 成分への射影なので固有である (G/B はコ

ンパクトであった).さらに,どの巾零元も,あるボレル部分環に含まれるので(定理 4.16.4(2)),p は全射となる.$\mathcal{N}(\mathfrak{g})$ の非特異点の集合を $\mathcal{N}(\mathfrak{g})_{reg}$ とする.

$$p^{-1}(\mathcal{N}(\mathfrak{g})_{reg}) \simeq \mathcal{N}(\mathfrak{g})_{reg}$$

を示す.定理 4.8.7 より,$\mathcal{N}(\mathfrak{g})_{reg}$ の元 x は正則元であるので,定理 4.16.4 (3) によって,x を含むボレル部分環はただ 1 つに決まる.したがって

$$p^{-1}(x) = \{(x, \mathfrak{b}) \mid \mathfrak{b} \in \mathcal{B},\ x \in \mathfrak{b}\}$$

は 1 点となる. 　　　　　　　　　　　　　　　　　　　　　　証明終

この定理を $sl(l+1, \mathbf{C})$ の場合に確かめてみよう.

例 4.16.6 $\mathfrak{g} = sl(l+1, \mathbf{C})$ のとき.例 4.16.3 における,$\mathcal{B}$ と旗多様体 $\mathcal{F}$ との同一視によって

$$\widetilde{\mathcal{N}}(\mathfrak{g}) = \{(A, F) \in \mathcal{N}(\mathfrak{g}) \times \mathcal{F} \mid A(F) \subset F\}$$

である.A が正則巾零元だったとしよう.A は行列

$$\begin{bmatrix} 0 & 1 & & & \\ & \ddots & \ddots & & \\ & & \ddots & 1 \\ & & & 0 \end{bmatrix}$$

と共役なので,A をこの行列とする.$n = l+1$ とする.

$$p^{-1}(A) \ni (A, F), \quad F = (V_1, \cdots, V_n)$$

とすると

$$A(V_i) \subset V_i, \quad 1 \leq i \leq n$$

特に $A(V_1) \subset V_1$,$\dim V_1 = 1$ なので,V_1 の元は A の固有ベクトルである.し

たがって

$$V_1 = \mathbf{C}e_1$$

次に A を V/V_1 に作用させる．

$$\bar{F} = (V_2/V_1, \cdots, V_n/V_1) = (\bar{V}_2, \cdots, \bar{V}_n)$$

は V/V_1 の旗で

$$\bar{A}(\bar{V}_i) \subset \bar{V}_i$$

上と同様に，$\bar{V}_2$ は $\bar{A}$ の固有空間になり，

$$\bar{V}_2 = \mathbf{C}\bar{e}_2$$
$$V_2 = \mathbf{C}e_1 + \mathbf{C}e_2$$

が得られる．これを繰り返すと $F = F_0$(例 4.16.3) であることがわかる．すなわち

$$p^{-1}(x) = \{(x, F_0)\}$$

正則巾零元以外の巾零元 x に対して，p の逆像 $p^{-1}(x)$ はどうなっているだろうか．$p^{-1}(x)$ は x を含むボレル部分環全体からなる．これを $\mathcal{B}_x$ と書こう．$\mathcal{B}_x$ は連結で，同じ次元の既約成分からなり，その次元について

$$\dim \mathfrak{z}_\mathfrak{g}(x) = l + 2\dim \mathcal{B}_x$$

となることが知られている ([22])．また $\mathcal{B}_x$ の既約成分については，ワイル群との深いかかわりも知られていて，その幾何は，ワイル群の表現論やリー型の有限群の表現論などで重要な役割をもつ (例えば [22] 9 章)．多様体としての $\mathcal{B}_x$ の一般的な結果は，その連結性，次元および下記の定理以外にはよく知られていないが，古典型 (A, B, C, D 型) に関しては詳しい研究があり，組合せ論にも豊富な題材を提供している．次の定理については [22], [47] を参照していただきたい．

定理 4.16.7 $\mathfrak{g}$ を A, D, E 型の複素単純リー環とする.
(1) x が正則巾零元なら $\mathcal{B}_x$ は 1 点.
(2) x が副正則巾零元のとき, $\mathcal{B}_x$ は射影直線 $\mathbf{P}^1$ の和集合で, その双対グラフは, $\mathfrak{g}$ のディンキン図形と同じである. これをディンキン曲線とよぶ.

この定理の (2) を例で見てみよう.

例 4.16.8 $\mathfrak{g} = sl(l+1, \mathbf{C})$, $n = l+1$ とする. 副正則巾零元 A を

$$\begin{bmatrix} 0 & 1 & & & & 0 \\ & \ddots & \ddots & & & \\ & & & \ddots & 1 & \\ & & & & 0 & 0 \\ \hline 0 & & & & 0 & 0 \end{bmatrix}$$

とする. 例 4.16.3 のように $\mathcal{B}$ と $\mathcal{F}$ とを同一視すると, A 上のファイバー $p^{-1}(A) = \mathcal{B}_A = \mathcal{F}_A$ は

$$\mathcal{F}_A = \{F = (V_1, \cdots, V_n) \in \mathcal{F} \mid A(V_i) \subset V_i \ (1 \leq i \leq n)\}$$

である. A の作用で

$$e_n \mapsto 0, \quad e_{n-1} \mapsto e_{n-2} \mapsto \cdots \mapsto e_1 \mapsto 0$$

となるから $F = (V_i) \in \mathcal{F}_A$ とすると, A の 0 固有空間である V_1 は

$$V_1 \subset \ker A = \mathbf{C}e_1 + \mathbf{C}e_n$$

である.

$$V_1 = \langle \lambda e_1 + \mu e_n \rangle$$

としよう.

$$\pi : V \longrightarrow V/V_1$$

とすると, A は V/V_1 上の線形写像 $\bar{A}$ をひき起こす. $\bar{e}_i = \pi(e_i)$ として,

(1) $\mu \neq 0$ なら $\bar{e}_1, \cdots, \bar{e}_{n-1}$ は V/V_1 の基底となり, A は

$$\bar{e}_{n-1} \mapsto \bar{e}_{n-2} \mapsto \cdots \mapsto \bar{e}_1 \mapsto 0$$

と作用し, $\bar{A}$ は V/V_1 上の正則巾零元となる.

(2) $\mu = 0$ のとき. $\bar{e}_2, \cdots, \bar{e}_n$ が V/V_1 の基底で, $\bar{A}$ は

$$\bar{e}_n \mapsto 0, \bar{e}_{n-1} \mapsto \cdots \mapsto \bar{e}_2 \mapsto 0$$

と作用するので, $\bar{A}$ は V/V_1 上の副正則巾零元となる.

したがって, 自然数 k と複素数 a, b があって

$$V_i = \begin{cases} \langle e_1, \cdots, e_i \rangle & (i < k) \\ \langle e_1, \cdots, e_{i-1}, ae_i + be_n \rangle & (i = k) \\ \langle e_1, \cdots, e_{i-1}, e_n \rangle & (i > k) \end{cases} \quad (4.16)$$

となる. この旗を $F(k; a, b)$ と書こう.

$$L_k = \left\{ F(k; a, b) \in \mathcal{F}_A \mid (a : b) \in \mathbf{P}^1 \right\}$$

とすると, $L_1, \cdots, L_{n-1}$ は射影直線であって, その双対グラフは A_{n-1} 型のディンキン図形になる.

以上をまとめると, A が副正則巾零元ならば, ファイバー $p^{-1}(A)$ は射影直線の和となり, その双対グラフは A_l 型のディンキン図形ということになる.

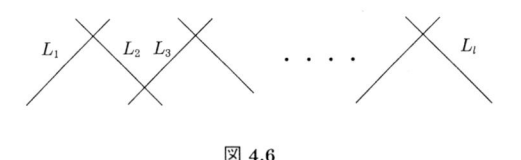

図 4.6

4.17 随伴商の同時特異点解消

巾零多様体の特異点解消の方法は, 以下で示すように随伴商のファイバーの同時特異点解消にも使える.

$\mathfrak{g} \times \mathcal{B}$ の部分多様体 $\widetilde{\mathfrak{g}}$ を，$\widetilde{\mathcal{N}}$ のときと同様に

$$\widetilde{\mathfrak{g}} = \{(x, \mathfrak{b}') \in \mathfrak{g} \times \mathcal{B} \mid x \in \mathfrak{b}'\}$$

とする．$\mathfrak{g}$ への射影を

$$\rho : \widetilde{\mathfrak{g}} \longrightarrow \mathfrak{g}$$

とし，そのファイバーを $\mathcal{B}_x = \rho^{-1}(x)$ と書く．G/B 上の主 B 束 $G \to G/B$ の同伴ベクトル束 $G \times_B \mathfrak{b}$ ($\mathfrak{b}$ は B のリー環) は

$$G \times_B \mathfrak{b} \ni (g, x) \mapsto (g \cdot x, g \cdot \mathfrak{b}) \in \widetilde{\mathfrak{g}}$$

によって $\widetilde{\mathfrak{g}}$ と同型になる．

$$\mathfrak{b} = \mathfrak{h} + \mathfrak{n}$$

を定理 4.16.4 (1) における分解とする．B の $\mathfrak{b}/\mathfrak{n}$ への作用は自明なので，写像

$$\begin{aligned}\theta : \widetilde{\mathfrak{g}} = \quad & G \times_B \mathfrak{b} & \longrightarrow & \quad \mathfrak{h} \\ & (g, h + n) & \mapsto & \quad h\end{aligned}$$

が定義できる．このときグロタンディクによる次の定理が成り立つ．

定理 4.17.1

$$\begin{array}{ccc} \widetilde{\mathfrak{g}} & \xrightarrow{\rho} & \mathfrak{g} \\ \theta \downarrow & & \downarrow \chi \\ \mathfrak{h} & \xrightarrow{\pi} & \mathfrak{h}/W \end{array}$$

は可換で，χ の同時特異点解消を与える．すなわち
(1) θ は滑らか．
(2) ρ は固有射．
(3) π は有限被覆であって全射．

(4) $h \in \mathfrak{h}$ に対して

$$\rho_h = \rho|_{\theta^{-1}(h)} : \theta^{-1}(h) \longrightarrow \chi^{-1}(\pi(h))$$

はファイバー $\chi^{-1}(\pi(h))$ の特異点解消を与える.

略証 h と $(h+n)_s$ とは共役なので,可換性は ρ, θ の定義と,随伴商の性質 (定理 4.8.4, 4.8.5) からわかる.

(1) X と Y が非特異なら,射 $f: X \to Y$ が滑らかであることと,微分 df が各点で全射になることと同値である. θ は

$$\widetilde{\mathfrak{g}} = G \times_B \mathfrak{b} \to G \times_B \mathfrak{h} \to G/B \times \mathfrak{h} \to \mathfrak{h}$$

と分解できるので,$d\theta$ は全射であることがわかる.

(2) ρ は $\widetilde{\mathfrak{g}}$ の第 1 成分への射影なので固有である.

(3) は明らか.

(4) θ は滑らかなので $\theta^{-1}(h)$ は非特異である. χ のファイバー F 上の点を x とすると,x が $\mathfrak{g}$ の正則元であることと,x が F の非特異点であることとは同じであった (定理 4.8.7). したがって $\chi^{-1}(\pi(h))$ の正則元 x に対して $\rho_h^{-1}(x)$ が 1 点であることを示せばよい.

$$\chi^{-1}(\bar{h}) \simeq G \times_{Z_G(h)} \mathcal{N}_h, \quad \bar{h} = \pi(h)$$

であった (式(4.14)). $\mathcal{N}_h$ は $Z_G(h)$ のリー環 $\mathfrak{z}_\mathfrak{g}(h)$ の巾零多様体である. $x = x_s + x_n$ をジョルダン分解とすると,適当に共役をとって $x_s = h$ とできる.

$$x = h + n$$

$n \in \mathfrak{z}_\mathfrak{g}(h)$ なので $n \in \mathcal{N}_h$. このとき n は $\mathfrak{z}_\mathfrak{g}(h)$ の正則巾零元であることが次のようにしてわかる.

$\dim \mathfrak{z}_{\mathfrak{z}_\mathfrak{g}(h)}(n) > \dim \mathfrak{z}_{\mathfrak{z}_\mathfrak{g}(h)}(n')$ となる $n' \in \mathcal{N}_h$ があったとしよう. $x' = h + n'$ とすると

$$\mathfrak{z}_\mathfrak{g}(x') = \mathfrak{z}_\mathfrak{g}(h) \cap \mathfrak{z}_\mathfrak{g}(n') = \mathfrak{z}_{\mathfrak{z}_\mathfrak{g}(h)}(n')$$

である. 一方 $\mathfrak{z}_\mathfrak{g}(x) = \mathfrak{z}_{\mathfrak{z}_\mathfrak{g}(h)}(n)$ より x の正則性に反する.

n が $\mathfrak{z}_\mathfrak{g}(h)$ の正則巾零元であることがこれでわかった. あとは巾零多様体の特異点解消と同じことを $G = Z_G(h)$ に対してしてやればよい.

次に θ のファイバーを考えよう. $\tilde{\mathfrak{g}}$ の定義より

$$\theta^{-1}(h) = \{(g, h+n) \in G \times_B \mathfrak{b} \mid n \in \mathfrak{n}\}$$

である. $h+n$ の半単純成分は $h+n'$ ($n' \in \mathfrak{n}$) と書ける (巾零成分は $\mathfrak{n}$ の元だから). $h+n'$ は B の作用で $\mathfrak{h}$ の元 h' に移る ([3] III.10 節).

$$h' = b \cdot (h+n') = b \cdot h + b \cdot n' = h + b \cdot n'$$

なので

$$h' - h = b \cdot n' \in \mathfrak{h} \cap \mathfrak{n} = \{0\}$$

つまり $h = h'$ である. したがって, $\theta^{-1}(h)$ の元の代表として $(g, h+n)$ と同値な元 $(g', h+n')$ ($n' \in \mathfrak{z}_\mathfrak{g}(h) \cap \mathfrak{n}$) をとることができる.

$$\mathfrak{b}_h = \mathfrak{z}_\mathfrak{g}(h) \cap \mathfrak{b} = \mathfrak{h} + \mathfrak{n}_h$$

とし

$$B_h = Z_G(h) \cap B$$

とすると, B_h は $Z_G(h)$ のボレル部分群であって, B_h のリー環が $\mathfrak{b}_h$ である. 上の議論より

$$\theta^{-1}(h) = G \times_{B_h} (h + \mathfrak{n}_h)$$
$$\simeq G \times_{B_h} \mathfrak{n}_h$$
$$= G \times_{Z_G(h)} (Z_G(h) \times_{B_h} \mathfrak{n}_h)$$

なので ρ_h は

$$\rho_h : \quad G \times_{Z_G(h)} (Z_G(h) \times_{B_h} \mathfrak{n}_h) \quad \longrightarrow \quad G \times_{Z_G(h)} \mathcal{N}_h$$
$$(g, (z, n)) \quad \mapsto \quad (g, z \cdot n)$$

となる. ここで

$$p_h : Z_G(h) \times_{B_h} \mathfrak{n}_h \longrightarrow \mathcal{N}_h$$

は定理 4.16.5 より, $\mathcal{N}_h$ の特異点解消であり, n は $\mathfrak{z}_\mathfrak{g}(h)$ の正則巾零元なので, p_h の逆像は 1 点となり, したがって $(g, z \cdot n) \in G \times_{Z_G(h)} \mathcal{N}_h$ の, ρ_h による逆像は 1 点となる.

以上により ρ_h は $\chi^{-1}(\bar{h}) = G \times_{Z_G(h)} \mathcal{N}_h$ の特異点解消であることがわかった. 証明終

4.18 半普遍変形の同時特異点解消

定理 4.17.1 を使ってクライン特異点の半普遍変形の同時最小特異点解消 (定理 3.5.12 参照) をすることができる. これは 3.5.3 項で仮定したことであった.
$\mathfrak{g}$ の巾零多様体 $\mathcal{N}(\mathfrak{g})$ の副正則巾零元における横断片を $\mathcal{S}$ とする. $S = \mathcal{S} \cap \mathcal{N}(\mathfrak{g})$ はクライン特異点をもつ曲面であった.

定理 4.18.1 $\mathfrak{g}$ を複素単純リー環, その型は A, D, E のいずれかとする. 定理 4.17.1 における写像 $\rho : \widetilde{\mathfrak{g}} \to \mathfrak{g}$ による $\mathcal{S}$ の引き戻しを $\widetilde{\mathcal{S}}$ とする. 写像 ρ, θ の $\widetilde{\mathcal{S}}$ への制限を $\rho_\mathcal{S}, \theta_\mathcal{S}$ と書く. このとき

$$\begin{array}{ccc} \widetilde{\mathcal{S}} & \xrightarrow{\rho_\mathcal{S}} & \mathcal{S} \\ \theta_\mathcal{S} \downarrow & & \downarrow \chi_\mathcal{S} \\ \mathfrak{h} & \longrightarrow & \mathfrak{h}/W \end{array}$$

はクライン特異点の半普遍変形 $\mathcal{S} \to \mathfrak{h}/W$ の同時特異点解消を与える. 特に $\widetilde{S} = \rho_\mathcal{S}^{-1}(S)$ とすると

$$\rho_\mathcal{S}|_{\widetilde{S}} : \widetilde{S} \longrightarrow S$$

は S のクライン特異点の最小特異点解消になる.

略証 $\widetilde{\mathcal{S}}$ が非特異であることをまず示す. $\mathcal{S}$ は, その各点で G 軌道と横断的

に交わっていたから (命題 4.12.1)

$$\nu : G \times \mathcal{S} \longrightarrow \mathfrak{g}, \quad \nu(g,z) = g \cdot z$$

は滑らかな射となる．ρ に対して $\tilde{\nu}$ を

$$\begin{array}{ccc} G \times \widetilde{\mathcal{S}} & \stackrel{\tilde{\nu}}{\longrightarrow} & \widetilde{\mathfrak{g}} \\ {\rm id}_G \times \rho_{\mathcal{S}} \downarrow & & \downarrow \rho \\ G \times \mathcal{S} & \stackrel{\nu}{\longrightarrow} & \mathfrak{g} \end{array}$$

とすると，ν が滑らかなので $\tilde{\nu}$ も滑らかである．$\widetilde{\mathfrak{g}}$ は非特異 ($\widetilde{\mathfrak{g}} = G \times_B \mathfrak{b}$ は ベクトル束であった) なので $G \times \widetilde{\mathcal{S}}$ も非特異である．したがって $\widetilde{\mathcal{S}}$ も非特異となる．

$\tilde{\nu}$ は滑らかな射なので $\widetilde{\mathcal{S}}$ は $\widetilde{\mathfrak{g}}$ における G 軌道と横断的に交わる．したがって $\widetilde{\mathcal{S}}$ は随伴商の各ファイバーの引き戻し $\rho^{-1}(\chi^{-1}(\bar{h}))$ と横断的に交わる．$\rho^{-1}(\chi^{-1}(\bar{h}))$ は非特異であったから (ρ は同時特異点解消であった)

$$\rho^{-1}(\chi^{-1}(\bar{h})) \cap \widetilde{\mathcal{S}}$$

は非特異．したがって

$$\theta_{\mathcal{S}}^{-1}(h) = \theta^{-1}(h) \cap \widetilde{\mathcal{S}} \xrightarrow{\rho_{\mathcal{S}}} \mathcal{S} \cap \chi^{-1}(\bar{h})$$

は $\mathcal{S} \cap \chi^{-1}(\bar{h})$ の特異点解消を与える．よって

$$\rho_{\mathcal{S}} : \widetilde{\mathcal{S}} \longrightarrow \mathcal{S}$$

は同時特異点解消となる．

特に $\bar{h} = 0$ のときは，$\chi^{-1}(0) = \mathcal{N}(\mathfrak{g})$ であり，$S = \mathcal{S} \cap \mathcal{N}(\mathfrak{g})$ はクライン特異点を副正則巾零元にもっていた．$\widetilde{S} = \widetilde{\mathcal{S}} \cap \widetilde{\mathcal{N}}(\mathfrak{g})$ は非特異なので S の特異点解消となる．

$$\rho_S = \rho_{\mathcal{S}}|_{\widetilde{S}} : \widetilde{S} \longrightarrow S$$

S の点は副正則巾零元 x を除いてすべて正則巾零元だったから (系 4.12.2 の証

明参照)

$$\widetilde{S} - \rho_S^{-1}(x) \simeq S - \{x\}$$

例外集合 $E = \rho_S^{-1}(x)$ は射影直線の和集合で，定理 4.16.7 により双対グラフが $\mathfrak{g}$ のディンキン図形と同じになる．一方，S の最小特異点解消の例外集合の双対グラフも同じディンキン図形であったので (定理 2.5.15)，$\widetilde{S}$ は S の最小特異点解消となる． 証明終

5

マッカイ対応

 クライン特異点とルート系を語るとき,どうしても素通りできないほど魅力的な話題がある.マッカイ対応とよばれるものである.
 $SL(2, \mathbf{C})$ の有限部分群 $\widetilde{\Gamma}$ の軌道空間 $\mathbf{C}^2/\widetilde{\Gamma}$ の特異点を通じて,ルート系がさまざまな形で現れることをこれまでに紹介してきた.マッカイ対応は,そうした枠組とはまったく別の方法によって,$\widetilde{\Gamma}$ とルート形とを結びつけるのである ([12],[35]).
 当初,マッカイ対応については本書では触れないつもりであった.扱う内容が多くなり過ぎて,制限ページ数を越えてしまうと思ったからである.しかしこれほど面白いトピクスを紹介せずに正多面体とルート系の話を終わらせることもできぬと思い直し,マッカイ対応について簡単な説明を付け加えることにした.

5.1 有限群の表現

 マッカイ対応は巡回群または 2 項正多面体群 $\widetilde{\Gamma}$ の表現を通じた,$\widetilde{\Gamma}$ とルート系との対応である.まず群の表現とは何かということから始めよう.詳しくは [18],[29] などを見ていただきたい.

定義 5.1.1 G を有限群,V を $\mathbf{C}$ 上の n 次元ベクトル空間とする.
 (1) G から一般線形群 $GL(V)$ への群準同型

$$\rho : G \longrightarrow GL(V)$$

のことを G の n 次元複素表現といい,V を表現空間とよぶ.以下単に G の n 次元表現 (ρ, V) ということにする.
　特に $\dim V = 1$ であって,G の各元に恒等変換 1_V を対応させる表現を単位表現という.
 (2) G の表現 (ρ, V) に対して,G 上の関数

$$\chi_\rho : G \longrightarrow \mathbf{C}$$

を $\chi_\rho(g) = \mathrm{trace}(\rho(g)), (g \in G)$ で定める (χ_ρ の値は $\rho(g)$ の行列表示の仕方によらないことに注意). χ_ρ を表現 ρ の指標という.

例 5.1.2 $\widetilde{\Gamma} = \mathcal{C}_n (n$ 次巡回群$)$ のとき. $\mathcal{C}$ の生成元を a とする. $\omega = \exp(2\pi\sqrt{-1}/n)$ とし, 整数 $i = 0, \cdots, n-1$ に対して,

$$\rho_i(a^k) = \omega^{ik} \in GL(1, \mathbf{C})$$

とすると, 表現 ρ_i は $\mathcal{C}_n$ の 1 次表現となり, その指標は

$$\chi_i(a^k) = \omega^{ik}$$

で与えられる.

定義 5.1.3 (1) 群 G の 2 つの n 次表現 $(\rho, V), (\rho', V')$ に対して, V から V' への線形同型写像 f が存在して

$$f \circ \rho(g) = \rho'(g) \circ f, \quad \forall g \in G$$

が成り立つとき, 表現 (ρ, V) と (ρ', V') は同値であるという.
(2) (ρ, V) を G の表現とする. V の部分空間 W が

$$\rho(g)(W) \subset W, \quad \forall g \in G$$

を満たすとき, W は ρ 不変であるという. このとき $\rho(g)$ を W に制限することによって, 表現

$$\rho_W : G \longrightarrow GL(W)$$

が得られる. これを (ρ, V) の部分表現という.

ρ 不変な部分空間が $\{0\}$ または V 自身しかないとき, (ρ, V) は既約であるといい, その指標を既約指標という.

例 5.1.4 例 5.1.2 の表現は, 巡回群 $\mathcal{C}_n$ の既約表現である.

定義 5.1.5 $(\rho_1, V_1), (\rho_2, V_2)$ を群 G の表現とする.
(1) V_1 と V_2 の直和 $V_1 \oplus V_2$ の元 $v = v_1 + v_2 \, (v_i \in V_i)$ に対して, G の作用を

$$\rho(g)(v) = \rho_1(g)(v_1) + \rho_2(g)(v_2), \quad g \in G$$

で定めると, G の表現

$$\rho : G \longrightarrow GL(V_1 \oplus V_2)$$

が得られる. 表現 ρ のことを ρ_1 と ρ_2 の和とよび, $\rho = \rho_1 \oplus \rho_2$ と書く. ρ の指標は

$$\chi_\rho = \chi_{\rho_1} + \chi_{\rho_2}$$

となる.

(2) V_1 と V_2 のテンソル積 $V_1 \otimes V_2$ の元 $v_1 \otimes v_2 \, (v_i \in V_i)$ への G の作用

$$\rho(g)(v_1 \otimes v_2) = \rho_1(g)(v_1) \otimes \rho_2(g)(v_2), \quad g \in G$$

は, G の表現

$$\rho : G \longrightarrow GL(V_1 \otimes V_2)$$

を定める. この表現を ρ_1 と ρ_2 のテンソル積といい, $\rho = \rho_1 \otimes \rho_2$ と書く. テンソル積の指標は

$$\chi_\rho = \chi_{\rho_1} \chi_{\rho_2}$$

で与えられる.

次の定理は, 有限群の複素表現の基本事項である.

定理 5.1.6　(1) 有限群の有限次元複素表現は，有限個の既約表現の直和と同値である．
(2) 2つの表現 ρ_1, ρ_2 に対して

$$\rho_1 \text{ と } \rho_2 \text{ が同値} \iff \chi_{\rho_1} = \chi_{\rho_2}$$

　この定理により，有限群の表現を知るには，既約表現がわかればよく，既約表現はその指標で決まるので，結局，既約指標が G の表現の研究の基礎データとなる．既約指標に関しての重要な定理をあげておこう．
　2つの指標 χ, χ' の内積を

$$(\chi, \chi') = \frac{1}{|G|} \sum_{g \in G} \chi(g) \overline{\chi'(g)}$$

で定義する．

定理 5.1.7　(1) 指標 χ は G の共役類の上で一定値となる

$$\chi(h^{-1}gh) = \chi(g), \quad \forall h, \forall g \in G$$

(2) χ, χ' を既約指標とすると，

$$(\chi, \chi') = \begin{cases} 1 & (\chi = \chi') \\ 0 & (\chi \neq \chi') \end{cases}$$

(3) χ が既約指標 $\iff (\chi, \chi) = 1$
(4) G の既約表現の同値類の数，すなわち既約指標の数は，G の共役類の数に等しい．

例 5.1.8　n 次巡回群の共役類は n 個である．一方，例 5.1.2 の表現 $\rho_0, \cdots, \rho_{n-1}$ は既約表現であり，その指標は異なるので，これらは互いに非同値である．したがって，この n 個の既約表現が n 次巡回群の既約表現の同値類の代表元である．

5.2 拡大ディンキン図形

ルート系から次のようにして得られるグラフを拡大ディンキン図形という．Φ を既約ルート系とし，Π をその基底とする．各ルート α を Φ の元の線形和で書いたとき

$$\alpha = \sum_{i=1}^{l} m_i \alpha_i, \quad \alpha \in \Phi,\ \alpha_i \in \Pi$$

係数の和

$$\mathrm{ht}(\alpha) = \sum_{i=1}^{l} m_i$$

をルート α の高さとよぶ．Φ には，高さが最大のルートがただ 1 つあり，それを (Π に関する) 最大ルートという．

例 5.2.1 Φ が A_{n-1} 型のとき，3.3 節のように Φ, Π をとると，

$$\psi = e_1 - e_n = \alpha_1 + \cdots + \alpha_{n-1}$$

が最大ルートとなる．

ルート系 Φ と基底 Π に関しての最大ルートを ψ とする．Π に対してカルタン行列 (3.2 節参照) を考えたように，集合

$$\widetilde{\Pi} = \Pi \cup \{-\psi\}$$

に対しても同様な行列 $\widetilde{C}$ を作る．これを拡大カルタン行列とよぶ．そしてディンキン図形を作るのと同じ規則に従って，グラフを作ったものを拡大ディンキン図形とよぶ．A, D, E 型の拡大ディンキン図形は図 5.1 のようになる．

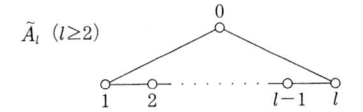

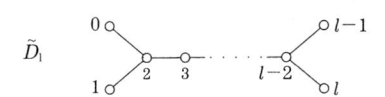

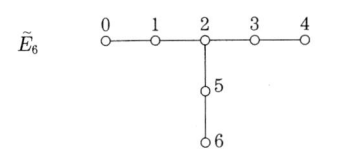

図 5.1 拡大ディンキン図形
数字は 5.4 節の指標の番号.

5.3 マッカイ対応

以上の準備のもとに，$SL(2, \mathbf{C})$ の有限部分群 $\widetilde{\Gamma}$ とディンキン図形の不思議な関係，マッカイ対応を述べよう．

$\widetilde{\Gamma}$ は $SL(2, \mathbf{C})$ の有限部分群なので，これを $\widetilde{\Gamma}$ の 2 次元表現と見ることができる．

$$\rho_N : \widetilde{\Gamma} \hookrightarrow SL(2, \mathbf{C}) \subset GL(2, \mathbf{C})$$

これを $\widetilde{\Gamma}$ の自然表現とよぶ. その指標を χ_N と書こう.

例 5.3.1 $\widetilde{\Gamma} = \mathcal{C}_n = \langle a \rangle$ のとき

$$\rho_N(a^i) = \begin{bmatrix} \omega^i & 0 \\ 0 & \omega^{-i} \end{bmatrix}, \quad \omega = \exp\left(\frac{2\pi\sqrt{-1}}{n}\right)$$

$$\chi_N(a^i) = \omega^i + \omega^{-i}$$

定理 5.3.2 (マッカイ対応)
$\widetilde{\Gamma}$ を $SL(2,\mathbf{C})$ の有限部分群とし, $\rho_0 = 1$(単位表現), $\rho_1, \cdots, \rho_l$ を $\widetilde{\Gamma}$ の互いに同値でないすべての既約表現とする.

$$\rho_N \otimes \rho_i = \bigoplus_{j=0}^{l} n_{ij} \rho_j$$

としたとき, $l+1$ 次行列 $\widetilde{C} = (c_{ij}) = (2\delta_{ij} - n_{ij})$ は, $\widetilde{\Gamma}$ の型に対応した拡大カルタン行列となる. すなわち $\widetilde{C}$ をカルタン行列に見立てて 3.2 節で述べた規則に従ってグラフを作ると, $\widetilde{\Gamma}$ の型に対応した拡大ディンキン図形が得られる.

マッカイ対応は, 有限群 $\widetilde{\Gamma}$ と, A, D, E 型のルート系の拡大ディンキン図形が対応することを示している. 特に単位表現 ρ_0 には $-\psi(\psi$ は最大ルート) に対応する頂点が対応する.

この定理を指標で書けば,

$$\chi_N(g)\chi_i(g) = \sum_{j=0}^{l} n_{ij}\chi_j(g)$$

なので, $\chi_N(1) = 2$ に注意すると

$$\widetilde{C} \begin{pmatrix} \chi_0(g) \\ \vdots \\ \chi_l(g) \end{pmatrix} = (2 - \chi_N(g)) \begin{pmatrix} \chi_0(g) \\ \vdots \\ \chi_l(g) \end{pmatrix} \tag{5.1}$$

が得られる．つまりベクトル $(\chi_0(g),\cdots,\chi_l(g))$ は拡大カルタン行列の固有ベクトルとなり，固有値は $2-\chi_N(g)$ である．このことは，次のように言い換えることができる．

有限群 G の既約指標全体を $\chi_1,\cdots,\chi_k$ とする．指標は各共役類の上で一定値をとるので，G の各共役類から代表元 $g_1,\cdots,g_k$ を1つずつとり，$\chi_i(g_j)$ を (i,j) 成分とする k 次行列を作ると，G の既約表現の情報が一目でわかる．これを指標表という．

マッカイ対応は，式(5.1)により，

$$\text{拡大カルタン行列の固有ベクトルの表} = \widetilde{\Gamma} \text{ の指標表}$$

であることを示しているのである．この驚くべき事実の発見以来，マッカイ対応のいろいろな拡張や，解釈，応用がなされている．本書と直接関係することとしては，クライン特異点の半普遍変形の微分幾何学的な構成がある ([32])．$\widetilde{\Gamma}$ の表現とクイーバー (矢印付きグラフ) を使ったその構成法には，本質的なところでマッカイ対応が使われている．このことから見ても，特異点とルート系というわれわれのテーマに，マッカイ対応が深く関わっていることがわかる．

5.4 $\widetilde{\Gamma}$ の 指 標 表

最後に $\widetilde{\Gamma}$ の指標表をあげておこう．第1行目が共役類の代表元で，2行目はその共役類の元の個数である．生成元 a,b は 1.4 節のものとする (表 5.1～5.5)．

表 5.1　n 次巡回群

	1	a	a^2	$\cdots$	a^{n-1}
	1	1	1	$\cdots$	1
χ_0	1	1	1	$\cdots$	1
χ_1	1	ω	ω^2	$\cdots$	ω^{n-1}
$\vdots$	$\vdots$	$\vdots$	$\vdots$		$\vdots$
χ_{n-1}	1	ω^{n-1}	$\omega^{2(n-1)}$	$\cdots$	$\omega^{(n-1)^2}$

$\omega = \exp(2\pi\sqrt{-1}/n)$.

5. マッカイ対応

表 5.2 2項正2面体群 $\widetilde{\mathcal{D}}_n$ (位数 $2n$)

	1	$a^2 = -1$	b^k ($1 \leq k \leq n-1$)	a	ab
	1	1	2	n	n
χ_0	1	1	1	1	1
χ_1	1	1	1	-1	-1
χ_{j+1} ($1 \leq j \leq n-1$)	2	$(-1)^j 2$	$\omega^{jk} + \omega^{-jk}$	0	0
χ_{n+1}	1	$(-1)^n$	$(-1)^k$	$(\sqrt{-1})^n$	$-(\sqrt{-1})^n$
χ_{n+2}	1	$(-1)^n$	$(-1)^k$	$-(\sqrt{-1})^n$	$(\sqrt{-1})^n$

$\omega = \exp(2\pi\sqrt{-1}/2n)$.

表 5.3 2項正4面体群 $\widetilde{\mathcal{T}}$ (位数 24)

	1	$a^3 = -1$	a	a^2	a^4	a^5	ab
	1	1	4	4	4	4	6
χ_0	1	1	1	1	1	1	1
χ_1	2	-2	1	-1	-1	1	0
χ_2	3	3	0	0	0	0	-1
χ_3	2	-2	ω	$-\omega^2$	$-\omega$	ω^2	0
χ_4	1	1	ω	ω^2	ω	ω^2	1
χ_5	2	-2	ω^2	$-\omega$	$-\omega^2$	ω	0
χ_6	1	1	ω^2	ω	ω^2	ω	1

$\omega = \exp(2\pi\sqrt{-1}/3)$.

表 5.4 2項正8面体群 $\widetilde{\mathcal{T}}$ (位数 48)

	1	$a^3 = -1$	a	a^2	b	b^2	b^3	ab
	1	1	8	8	6	6	6	12
χ_0	1	1	1	1	1	1	1	1
χ_1	2	-2	1	-1	$\sqrt{2}$	0	$-\sqrt{2}$	0
χ_2	3	3	0	0	1	-1	1	-1
χ_3	4	-4	-1	1	0	0	0	0
χ_4	3	3	0	0	-1	-1	-1	1
χ_5	2	-2	1	-1	$-\sqrt{2}$	0	$\sqrt{2}$	0
χ_6	1	1	1	1	-1	1	-1	-1
χ_7	2	2	-1	-1	0	2	0	0

これらの指標表の求め方は，いろいろ考えられるが，マッカイ対応を念頭におくと割合簡単に計算できる．以下，図5.1の頂点の番号と指標の番号を対応させて計算を進める．

巡回群の場合は既に例として求めた (例5.1.2)．$\widetilde{\Gamma}$ が巡回群でない場合を考えよう．自然表現の指標 χ_N は，a^i, b^j, ab が回転であることからその値が求まり，$(\chi_N, \chi_N) = 1$ が得られる．したがって定理5.1.7(3) より，χ_N は既約指

5.4 $\widetilde{\Gamma}$ の指標表

表 5.5 2項正20面体群 $\widetilde{\mathcal{I}}$(位数 120)

	1	$a^3=-1$	a	a^2	b	b^2	b^3	b^4	ab
	1	1	20	20	12	12	12	12	30
χ_0	1	1	1	1	1	1	1	1	1
χ_1	2	-2	1	-1	τ	$-(1-\tau)$	$1-\tau$	$-\tau$	0
χ_2	3	3	0	0	τ	$1-\tau$	$1-\tau$	τ	-1
χ_3	4	-4	-1	1	1	-1	1	-1	0
χ_4	5	5	-1	-1	0	0	0	0	1
χ_5	6	-6	0	0	-1	1	-1	1	0
χ_6	4	4	1	1	-1	-1	-1	-1	0
χ_7	2	-2	1	-1	$1-\tau$	$-\tau$	τ	$-(1-\tau)$	0
χ_8	3	3	0	0	$1-\tau$	τ	τ	$1-\tau$	-1

$\tau = (1+\sqrt{5})/2$, $1-\tau = (1-\sqrt{5})/2$ は黄金比.

標であることがわかる.

$\widetilde{\Gamma}$ が2項正20面体群以外のときは,第1章で $\widetilde{\Gamma}$ の1次指標 $\chi_{D_v}, \chi_{D_e}, \chi_{D_f}$ が求まっていた (表 1.3).

(1) $\widetilde{\mathcal{D}}_n$ のとき, $\chi_1 = \chi_{D_f}, \chi_2 = \chi_N$ とし, χ_{n+1}, χ_{n+2} をそれぞれ χ_{D_v}, χ_{D_e} とする. $\rho = \rho_N \otimes \rho_N$ の指標 χ_ρ は χ_2^2 であるが, $(\chi_\rho, \chi_0) = (\chi_\rho, \chi_1) = 1$ であることが計算によってわかるので, $\rho = \rho_0 \oplus \rho_1 \oplus \rho_3 (\rho_0, \rho_1$ は χ_0, χ_1 に対応する表現) となる表現 ρ_3 がとれる. ρ_3 の指標 χ_3 は $\chi_2^2 - \chi_0 - \chi_1$ であり $(\chi_3, \chi_3) = 1$ なので ρ_3 は既約表現となる. 以下同様の考え方で進める.

$$\chi_4 = \chi_2\chi_3 - \chi_2, \cdots, \chi_n = \chi_2\chi_{n-1} - \chi_{n-2}$$

とすると,いずれも $(\chi_i, \chi_i) = 1$ となるので既約指標である.

(2) $\widetilde{\mathcal{T}}$ のとき, $\chi_1 = \chi_N, \chi_4 = \chi_{D_v}, \chi_6 = \chi_{D_f}$ として,

$$\chi_2 = \chi_1^2 - \chi_0, \chi_3 = \chi_1\chi_4, \chi_5 = \chi_1\chi_6$$

とすれば,いずれも既約指標になる.

(3) $\widetilde{\mathcal{O}}$ のとき, $\chi_1 = \chi_N, \chi_6 = \chi_{D_v}$ として,

$$\chi_2 = \chi_1^2 - \chi_0, \chi_3 = \chi_1\chi_2 - \chi_1, \chi_5 = \chi_1\chi_6$$

$$\chi_4 = \chi_1\chi_5 - \chi_6, \chi_7 = \chi_1\chi_3 - \chi_2 - \chi_4$$

とすれば,いずれも既約指標となる.

(4) $\widetilde{\mathcal{I}}$ のとき. $\chi_1 = \chi_N$ として上と同様に

$$\chi_2 = \chi_1^2 - \chi_0, \chi_3 = \chi_1\chi_2 - \chi_1, \chi_4 = \chi_1\chi_3 - \chi_2$$
$$\chi_7 = (\chi_1\chi_5 - \chi_4)\chi_1 - 2\chi_5, \chi_6 = \chi_1\chi_7, \chi_8 = \chi_1\chi_5 - \chi_4 - \chi_6$$

とすると,いずれも既約指標となる.

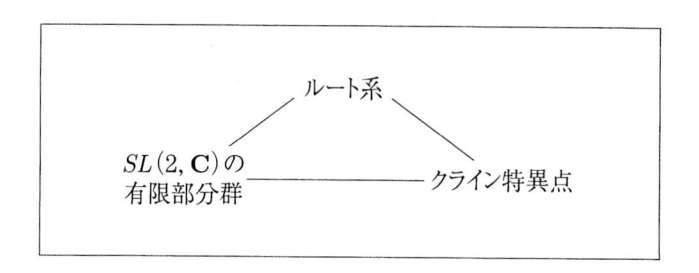

```
              ルート系
           /         \
  SL(2,C)の ─────── クライン特異点
  有限部分群
```

参 考 文 献

[1] Arnold, V. I., Gusein-Zade, S. M., Varchenko, A. N.: Singularities of Differentiable Maps I, II, Birkhäuser, 1988.
[2] Barth, W., Peters, C., Van de Ven, A.: Compact Complex Surfaces, Springer-Verlag, 1984.
[3] Borel,A.: Linear Algebraic Groups (2nd edition), Springer-Verlag, 1991.
[4] ブルバキ数学原論, リー群とリー環, 第 4,5,6 章, 東京図書, 1970.
[5] Brieskorn, E.: Über die Auflösung gewisser Singularitäten von holomorphen Abbildungen, Math. Annalen, **166**, 76–102, 1966.
[6] Brieskorn, E.: Die Auflösung der rationalen Singularitäten holomorpher Abbildungen, Math. Annalen, **178**, 255–270, 1968.
[7] Brieskorn, E.: Singular elements of semisimple algebraic groups, Actes Congrès Intern. Math., **2**, 279–284, 1970.
[8] Collingwood, D.H., McGovern, W.M.: Nilpotent Orbits in semisimple Lie Algebras, Van Nostrabd Reinhold, 1993.
[9] Durfee, A. H.: Fifteen characterizations of rational double points and simple critical points, L'Enseignement mathématique, **XXV 1-2**, 131–163, 1979.
[10] Du Val, P.: On isolated singularities of surfaces which do not affect the conditions of adjunction I,II,III, Proc. Cambridge Phil. Soc., **30**, 453–465, 483–491, 1934.
[11] Dynkin, E. B.: Semisimple subalgebras of semisimple Lie algebras, American Mathematical Society Translations, Ser. 2, **6**, 111–245, 1957.
[12] Ford, D., McKay, J.: Representations and Coxeter Graphs, The Geometric Vein, Springer-Verlag, 549–554, 1981.
[13] 藤崎源二郎:体とガロア理論, 岩波基礎数学選書, 岩波書店, 1991.
[14] Grauert, H.: Über die Deformation isolierter Singularitäten analytischen Mengen, Invent. Math., **15**, 171–198, 1972.

[15] Hartshorne, R.: Algebraic Geometry, Springer Graduate Text 52, Springer-Verlag, 1977.

[16] Hinich, V.: On Brieskorn's theorem, *Israel Journal of Math.*, **76**, 153–160, 1991.

[17] Happel,D., Preiser, U., Ringel, C. M.: Binary polyhedral groups and Euclidean diagrams, *Manuscripta math.*, **31**, 317–329, 1980.

[18] 平井　武：線形代数と群の表現 I・II, すうがくぶっくす 20・21, 朝倉書店, 2001.

[19] 堀田良之：環と体, 岩波講座 現代数学の基礎, 岩波書店.

[20] 堀田良之：銀河鉄道 A-D-E ディンキン図形をめぐって, 数学セミナー, 1983 年1月号, 18-28.

[21] 堀川穎二：複素代数幾何学入門, 岩波書店, 1990.

[22] Humphreys, J. E.: Conjugachy Classes in Semisimple Algebraic Groups, American Mathematical Society, 1995.

[23] Humphreys, J. E.: Introduction to Lie Algebras and Representation Theory, Springer-Verlag, 1972.

[24] 石井志保子：特異点入門, シュプリンガー・フェアラーク東京, 1997.

[25] Iwahori, N., Yokonuma, T.: On self-dual, completely reducible finite subgroups of GL(2,k), J. Fac. Sci. Univ. Tokyo, Sect. IA Math., **28**, 829–842, 1981.

[26] 岩堀長慶：初学者のための合同変換群の話―幾何学の形での群論演習, 現代数学社, 2000.

[27] Kas, A., Schlessinger, M.: On the versal deformation of a complex space with an isolated singularity, *Math. Ann.*, **196**, 23–29, 1972.

[28] クライン, F. (関口次郎訳)：正20面体と5次方程式, シュプリンガー・フェアラーク東京, 1993.

[29] 近藤　武：群論, 岩波数学選書, 岩波書店, 1991.

[30] Kostant, B.: Lie group representations on polynomial rings, *American Journal of Mathematics*, **85**, 327–404, 1963.

[31] Kostant, B.: The principal three-dimensional subgroup and the Betti numbers of a complex simple Lie group, *American Journal of Mathematics*, **81**, 973–1032, 1959.

[32] Kronheimer, P.B.: The constructionof ALE spaces as hyper-Kähler quotients, *Journal of Differential Geometry*, **29**, 665–683, 1989.

[33] Lamotke, K.: Regular Solids and isolated Singularities, Vieweg Verlag, 1986.
[34] Manin, Yu. I.: Cubic Forms, 2nd edition, North-Holland, 1986.
[35] McKay, J.: Graphs, singularities, and finite groups, Proceedings of Simposia in Pure mathematics, **37**, 183–186, 1980.
[36] Milnor, J.: Singular Points of Complex hypersurfaces, Princeton Univ. Press, 1968.
[37] Kollar, J., 森 重文: 双有理幾何学, 岩波講座 現代数学の展開, 岩波書店, 1998.
[38] 瀬山士郎: トポロジー——ループと折れ線の幾何学, すうがくぶっくす 5, 朝倉書店, 1989.
[39] 清水保弘: F. Klein「正 20 面体講義」から, 数学の歩み, 21 号, 86–118, 1981.
[40] 清水保弘: Mckay's observation について, 数学の歩み, 20 号, 106–139, 1980.
[41] Slodowy, P.: Algebraic Groups and Resolution of Kleinian Singularities, 京都大学数理解析研究所プレプリントシリーズ, No.1086, 1996.
[42] Slodowy, P.: Four lectures on simple groups and singularities, Communications of the Mathematical Institute, Vol. 11, Rijksuniversiteit, Utrecht, 1980.
[43] Slodowy, P.: Groups and special singularities, Singularity theory, World Scientific, 731–799, 1995.
[44] Slodowy, P.: Simple singularities and simple algebraic groups, Springer Lecture Notes in Math., **815**, 1980.
[45] Springer, T.A.: Geometric question arising in the study of unipotent elements, Proceedings of Symposia in Pure Mathematics, **37**, 255–264, 1980.
[46] Springer, T.A.: The unipotent variety of a semisimple group, Proc. Colloq. Alg. Geom., Tata Institute, 373–391, 1969.
[47] Steinberg, R.: Conjugacy classes in algebraic groups, Springer Lecture Notes in Math., **366**, 1974.
[48] Steinberg, R.: Kleinian singularities and unipotent elements, Proceedings of Symposia in Pure Mathematics, **37**, 265–270, 1980.
[49] Steinberg, R.: On the desingularization of the unipotent variety, *Inventiones mathematicae*, **36**, 209–224, 1976.
[50] Tjurina, G. N.: Locally semiuniversal flat deformations of isolated singularities of complex spaces, *Math. USSR Izvestija*, **3**, 967–999, 1970.

[51] Tjurina, G. N.: Resolution of singularities of flat deformations of rational double points, *Functional Anal. Appl.*, **4**, 77–83, 1970.

[52] 上野健爾：代数幾何入門, 岩波書店, 1995.

索　引

ア　行

一般の位置　83
イデアル　119
因子　18
因子群　18

v 単純　76

A_2 型のクライン特異点　iii
sl_2 トリオ　141
n の分割　100, 131

黄金比　3, 88, 195
横断的に交わる　133
横断片　133
　($sl(n, \mathbf{C})$ の) —— 145
重み
　($sl(2, \mathbf{C})$ の表現の) —— 142
　(クライン特異点の半普遍変形の) ——
　　102
　($\mathbf{C}^\times$ 作用の) —— 103
　($\mathbf{C}^\times$ 写像の) —— 103
　(同次多項式の) —— 102
重み空間　142
重み付きディンキン図形　152
重み付き同次多項式　102

カ　行

階数
　(単純リー環の) —— 124
　(ルート系の) —— 72
可解　172
可換 (リー環が)　119
拡大カルタン行列　190
拡大ディンキン図形　190
型 (重み付き同次多項式の)　102
括弧積　118
　($sl(n, \mathbf{C})$ の) —— 118
可約 (ルート系が)　73
カルタン行列　79
カルタン数　79
カルタン部分環　124
カルタン分解　125
簡約リー環　166, 167

基底 (ルート系の)　75
軌道因子　20
軌道空間　36
　(A_{n-1} 型ワイル群の) —— 99
基本関係
　(2 項正多面体群の) —— 14
　(正多面体群の) —— 8
基本領域　10
基本ワイル領域　77
既約
　(表現が) —— 123, 187

202　索　引

(ルート系が) —— 73
既約指標　187
鏡映　72
狭義引き戻し　41
共役類　129
キリング形式　125
巾零 (線形変換が)　122
巾零軌道 ($sl(n, \mathbf{C})$ の)　131
巾零元
　(簡約リー環の元が) —— 166
　(単純リー環の元が) —— 123
巾零多様体　130

クライン特異点　39, 80
　(A_1 型の) —— 126
　(A_2 型の) —— iii
Clebsch の diagonal surface　88

交叉形式　46
交点数　46
コクセター数　135
コクセター変換　135

サ　行

最高の重み　142
最小解消　63
最小特異点解消 (クライン特異点の)　183
最大ルート　190
最低の重み　142

$\mathbf{C}^\times$ 作用
　(横断片 S への) —— 150
　(重みから決まる) —— 103
$\mathbf{C}^\times$ 半普遍変形　170
自己交点数
　(A 型クライン特異点解消の例外曲線の)
　　—— 53
　(例外曲線の) —— 48
次数
　(因子の) —— 47
　(複素直線束 L の) —— 47

自然表現　192
指標
　(半不変式の) —— 17
　(表現の) —— 187
指標表　193
巡回群　7
ジョルダン分解　124

随伴軌道　129
随伴群　128
随伴作用 ($SL(n, \mathbf{C})$ の)　116
随伴商　139
随伴表現
　(リー環の) —— 118
　(リー群の) —— 118
スタインバーグ写像　139

正因子　18
正規点　63
正 4 面体　2
正 4 面体群　4
正 12 面体　3
正則巾零元 ($sl(n, \mathbf{C})$ の)　132
正則元
　(リー環の) —— 129
　(ルート系に関する) —— 76
正多面体　1
正多面体群　4, 7
正 20 面体　2
正 20 面体群　4, 5
正 2 面体群　7, 8
正 8 面体　2
正 8 面体群　4
正 p 面体群　4
正ルート　75
　($sl(n, \mathbf{C})$ の) —— 122
正 6 面体　2
全引き戻し　41

素因子　18
双対 (正多面体の)　3
双対関係 (正多面体の)　3

索　引　　203

双対グラフ　50
双対部屋　11

タ　行

第 1 種例外曲線　64
第 1 種例外曲線 (デル・ペッツォ曲面上の)　87
高さ　190
単位表現　192
単純
　($sl(n,\mathbf{C})$ が) ——　119
　(リー環が) ——　119
　(リー群が) ——　119
単純軌道因子　19
単純リー環　119
　(A_1 型の) ——　126
　($sl(n,\mathbf{C})$ の) ——　118, 120
　($so(n,\mathbf{C})$ の) ——　120
　($sp(2n,\mathbf{C})$ の) ——　120
単純ルート　75
　($sl(n,\mathbf{C})$ の) ——　122

中心化環　129
中心化群　129

ディンキン曲線　178
ディンキン図形　79
デル・ペッツォ曲面　83
テンソル積 (表現の)　188

同型
　(変形が) ——　95
　(ルート系が) ——　73
同時最小特異点解消　104
同時特異点解消
　(クライン特異点の半普遍変形の) ——　183
　(随伴商の) ——　179
同値
　($sl(2,\mathbf{C})$ の表現が) ——　143
　(有限群の表現が) ——　187

特異点　37
特異点解消　49
　(A 型クライン特異点の) ——　50
　(D,E 型クライン特異点の) ——　63
特殊線形群　115
特殊複素直交群　120
特殊ユニタリ群　13

ナ　行

滑らか (射が)　157

2 項正多面体群　13
2 項部分群　13
27 本の射影直線 (3 次曲面上の)　88

ハ　行

旗　173
旗多様体　174
半単純 (線形変換が)　122
半単純元 (単純リー環の元が)　123
半単純リー環　167
半不変式 ($\widetilde{\Gamma}$ の)　17
半普遍変形　96, 170
　(A_1 型クライン特異点の) ——　128
　(A_{n-1} 型クライン特異点の) ——　98, 148
　$\mathbf{C}^\times$ ——　170
　(D_{n+2} 型クライン特異点の) ——　101
　(E_n 型クライン特異点の) ——　101
　(超曲面孤立特異点の) ——　97

引き戻し (変形の)　96
非特異 (アフィン代数多様体が)　37
非特異点　37
表現
　(有限群の) ——　186
　(リー環の) ——　123
表現空間　186
表現論 ($sl(2,\mathbf{C})$ の)　141
標準類　84

ヒルツェブルフ曲面　54

副正則巾零軌道　130
副正則巾零元　130
　$(sl(n, \mathbf{C})$ の) ——　132
副正則元　129
複素射影変換群　12
複素シンプレクティック群　120
複素表現　186
複素リー環　119
複素リー群　118
部分表現　187
不変因子　19
不変式 ($\widetilde{\Gamma}$ の)　17
不変式環
　(A_{n-1} 型ワイル群の) ——　99
　($\widetilde{\Gamma}$ の) ——　17, 26
　(ワイル群の) ——　134
不変写像　139
ブラケット積 ($sl(n, \mathbf{C})$ の)　118
負ルート　75
　$(sl(n, \mathbf{C})$ の) ——　122
ブローアップ
　(アフィン代数多様体の) ——　40
　($\mathbf{C}^n$ の) ——　39
　($\mathbf{C}^2$ の) ——　55
　($\mathbf{P}^2$ の) ——　55

平坦 (射が)　94
巾指数　135
部屋　11
変形 (解析空間の芽の)　94

ボレル部分環　172
ボレル部分群　173

マ 行

マッカイ対応　192

道　11

ミルナー格子　113
ミルナー・ファイバー　113

ヤ 行

ヤコビ恒等式　119

余接束　55

ラ 行

リー環　118, 119
リー積　118
リーマン球面　12
立体射影　12

ルート
　$(sl(n, \mathbf{C})$ の) ——　121
　(リー環の) ——　125
ルート空間　125
ルート空間分解　125
ルート系　72
　(A_{n-1} 型の) ——　81, 99
　(D_n 型の) ——　82
　(E_n 型の) ——　82
　(階数 2 の) ——　71
　(既約な) ——　79
ルート格子　92

例外曲線　41
例外集合　41

ワ 行

和 (表現の)　188
ワイル群　74
　(A_{n-1} 型の) ——　82
　(D_n 型の) ——　82
　(E_n 型の) ——　83, 89
ワイル領域　76

編集者との対話

E：なぜルート系が出てくるのですか．

A：謎です．私もそれが知りたくて，この方面の研究に入りました．発祥はリー環論ですが，正多面体群や特異点のほかにも，楕円曲面，グラフの表現論，有限鏡映群，本シリーズにもあるパンルヴェ方程式など，あちこちで根本的な構造として現れます．

E：いろいろな現象がルート系のデータの中に集約できるというのは，オーバーにいえば，この1世紀における"発見"でしょうか．

A：ある教授に「特異点とルート系」という本を書くことになりましたと話したら，「ボクなら引き受けないな」と言われてしまいました(笑)．たしかに，ルート系，つまり2次形式なり格子の理論と，一般の特異点をテーマにするのであれば，それは深遠で魅力的な世界ですが，熱帯の原始林に踏み込むようなもので，私にもその勇気はありません．

E：クライン特異点は，その入り口というわけですね．

A：そうです．いつか，そこから先の未知の世界が描けたらと思っています．私が特異点に興味をもち始めたのは大学院生のときですが，手ごろな教科書がなく，分野違いの私には文献もわかりませんでした．京都に来て，斎藤恭司さん，ピーター・スロードウィーさん，成木勇夫さんに会い，文献を教えてもらって勉強しました．しかし，専門家には常識として通用していることであっても，ハッキリとは書かれていないことも多く，結局，直接解説してもらうのが一番わかりやすかった．そうした経験も，この本には込めたつもりです．

E：群だけでなく，代数幾何，表現論，トポロジーなど，いろいろなものが入ってきますね．

A：説明のための用語がたくさん出てくるので，広い知識が必要であるかのように感じられますが，本質的な部分を理解するのには，それほど苦労はいらないと思います．

E：読者にその感覚が伝わるといいですね．

A：代数幾何の人からは，リー群・リー環論の文献を尋ねられ，群論やリー環論の人からは，特異点や幾何についての入門書はないかとよく聞かれました．私自身もその一人でしたので，そうした分野の橋渡しになればという気持ちで書きました．

E：読者へのメッセージを一言．

A：わからないところがあって困ったときには"出前"解説をしたいくらいです(笑)．細部にこだわらず読み進んでもらえれば，その先にまた面白い事実が待っているはずです．正多面体というきわめてシンプルで具体的なものから出発しているのですから，頭の中にいつも具体例を描きながら読んでもらえれば，最後までいけると思います．特に A 型の場合，つまり巡回群・A 型クライン特異点・A 型ルート系・A 型単純リー環だけを想定して読み進んでいくことができると思いますし，それで十分に理論の全体像が把握できます．

E：このような内容での日本語の本は，本書が初めてですか．

A：そうだと思います．外国語でも，正多面体から始めてリー環までの話を，ていねいに"いち"から書いたものはないと思います．スロードウィーさんの本やレクチャーノートがありますが，初学者には難しいようです．

正多面体，ルート系，単純リー環という洗練された数学の対象が，生き生きと結びついていく様子を第4章で描いたつもりです．ぜひ最後まで読んでいただきたいと思います．

MEMO

著者略歴

松澤 淳一（まつざわ じゅんいち）
1959年　東京都に生まれる
1989年　東京大学大学院理学系研究科
　　　　博士課程（数学専攻）修了
現　在　京都大学大学院工学研究科講師
　　　　理学博士

すうがくの風景 6
特異点とルート系　　　　　　　　定価はカバーに表示

2002年4月15日　初版第1刷
2019年3月25日　　　第8刷

　　　　　　　　　著　者　松　澤　淳　一
　　　　　　　　　発行者　朝　倉　誠　造
　　　　　　　　　発行所　株式会社　朝　倉　書　店
　　　　　　　　　　　　　東京都新宿区新小川町6-29
　　　　　　　　　　　　　郵便番号　１６２−８７０７
　　　　　　　　　　　　　電　話　０３（３２６０）０１４１
　　　　　　　　　　　　　ＦＡＸ　０３（３２６０）０１８０
〈検印省略〉　　　　　　　　http://www.asakura.co.jp

Ⓒ 2002〈無断複写・転載を禁ず〉　　　　三美印刷・渡辺製本

ISBN 978-4-254-11556-7　C3341　　Printed in Japan

JCOPY　＜出版者著作権管理機構 委託出版物＞
本書の無断複写は著作権法上での例外を除き禁じられています．複写される場合は，
そのつど事前に，出版者著作権管理機構（電話 03-5244-5088, FAX 03-5244-5089,
e-mail: info@jcopy.or.jp）の許諾を得てください．

好評の事典・辞典・ハンドブック

数学オリンピック事典	野口 廣 監修	B5判 864頁
コンピュータ代数ハンドブック	山本 慎ほか 訳	A5判 1040頁
和算の事典	山司勝則ほか 編	A5判 544頁
朝倉 数学ハンドブック［基礎編］	飯高 茂ほか 編	A5判 816頁
数学定数事典	一松 信 監訳	A5判 608頁
素数全書	和田秀男 監訳	A5判 640頁
数論＜未解決問題＞の事典	金光 滋 訳	A5判 448頁
数理統計学ハンドブック	豊田秀樹 監訳	A5判 784頁
統計データ科学事典	杉山高一ほか 編	B5判 788頁
統計分布ハンドブック（増補版）	蓑谷千凰彦 著	A5判 864頁
複雑系の事典	複雑系の事典編集委員会 編	A5判 448頁
医学統計学ハンドブック	宮原英夫ほか 編	A5判 720頁
応用数理計画ハンドブック	久保幹雄ほか 編	A5判 1376頁
医学統計学の事典	丹後俊郎ほか 編	A5判 472頁
現代物理数学ハンドブック	新井朝雄 著	A5判 736頁
図説ウェーブレット変換ハンドブック	新 誠一ほか 監訳	A5判 408頁
生産管理の事典	圓川隆夫ほか 編	B5判 752頁
サプライ・チェイン最適化ハンドブック	久保幹雄 著	B5判 520頁
計量経済学ハンドブック	蓑谷千凰彦ほか 編	A5判 1048頁
金融工学事典	木島正明ほか 編	A5判 1028頁
応用計量経済学ハンドブック	蓑谷千凰彦ほか 編	A5判 672頁

価格・概要等は小社ホームページをご覧ください。